Excel 在科学计算与可视化中的应用

热合买提江·依明　艾孜海尔·哈力克　著

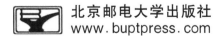

北京邮电大学出版社
www.buptpress.com

内 容 简 介

本书首先简要介绍了 Excel 的基本功能和科学计算中常用的 Excel 函数；其次介绍了用 Excel 绘制函数图像、表示数学问题的方法；最后在此基础上，遵循由浅入深、循序渐进的原则，通过非线性方程求解、常微分方程求解、线性方程组求解、偏微分方程求解、数理统计及机械设计等典型实例来阐述用 Excel 进行科学计算和可视化演示的方法。

本书具有知识全面、实例丰富、指导性强等特点。本书可以作为 Excel 的入门书籍，也可以帮助中级用户提高技能，对高级用户同样具有一定的启发意义。

图书在版编目(CIP)数据

Excel 在科学计算与可视化中的应用 / 热合买提江·依明，艾孜海尔·哈力克著. -- 北京：北京邮电大学出版社，2021.11(2024.8 重印)

ISBN 978-7-5635-6546-7

Ⅰ. ①E… Ⅱ. ①热… ②艾… Ⅲ. ①表处理软件—应用—科学计算②表处理软件—应用—可视化仿真 Ⅳ. ①N32②TP391.92

中国版本图书馆 CIP 数据核字(2021)第 216316 号

策划编辑：彭 楠 责任编辑：王小莹 封面设计：七星博纳

出版发行：北京邮电大学出版社
社 址：北京市海淀区西土城路 10 号
邮政编码：100876
发 行 部：电话：010-62282185 传真：010-62283578
E-mail：publish@bupt.edu.cn
经 销：各地新华书店
印 刷：河北虎彩印刷有限公司
开 本：720 mm×1 000 mm 1/16
印 张：12.25
字 数：223 千字
版 次：2021 年 11 月第 1 版
印 次：2024 年 8 月第 2 次印刷

ISBN 978-7-5635-6546-7 定价：58.00 元

前　言

Excel是目前使用最为广泛的办公软件之一,已经渗透到我们的日常工作和生活中。Excel的功能非常强大,但很多用户只使用了基本功能,致使其中的许多功能没有得到充分应用。目前有关Excel的图书很多,但是介绍在工程和科学计算中常用的Excel函数以及Excel的迭代计算功能、循环迭代计算功能、绘图功能和动态可视化演示功能的图书并不多,而且大多图书介绍这方面内容时不够详细,也不够全面。

在教学和科学研究中我们会遇到各种科学计算和可视化问题,进行科学计算和可视化演示的手段很多,如利用Fortran,C,Python,Matlab等,这些编程语言和软件的功能强大,但是它们的普及性较低,入门门槛高,具有较强的专业性,在短时间内难以掌握和应用。Excel的基本操作已为许多人熟悉,而且Excel的功能直观、数据输入界面简便,其操作者易于接受、便于掌握其功能。掌握了Excel的迭代计算、循环迭代计算、绘图和动态可视化演示等功能后,我们在处理科学计算和可视化中遇到的问题时会更加得心应手。

本书共有10章。第1章介绍基本概念和Excel运算符;第2章介绍工程和科学计算中常用的Excel函数;第3章介绍各种一元函数和二元函数图像的绘制方法;第4章介绍用Excel直观表示数学问题,包括一元二次函数的性质、圆锥曲线的定义、导数的几何意义、摆线的生成和性质、复变函数的几何意义;第5章首先介绍求解非线性方程数值解的几种方法,其次介绍确定非线性方程数值解的Excel模板的制作,最后介绍利用Excel的规划求解功能确定方程解的方法;第6章首先介绍求解常微分方程数值解的常用方法,然后介绍确定常微分方程数值解的Excel

1

模板的制作;第 7 章介绍用 Excel 求解线性方程组的方法,包括用 Excel 的矩阵计算和迭代计算功能确定线性方程组正确解和数值解的方法,以及 Excel 模板的制作过程;第 8 章介绍求解偏微分方程数值解的显式和隐式差分格式构造的基本思路,然后通过具体的实例详细介绍用 Excel 实现实时求解偏微分方程数值解的方法、动态可视化模拟演示的过程和交互性模板的制作过程;第 9 章讨论用 Excel 解决概率论与数理统计中的问题,包括二项分布与泊松分布的关系、区间估计模板的制作与设计、假设检验模板的制作与设计、回归分析模板的制作与设计等;第 10 章介绍用 Excel 进行运动分析,包括四连杆机构的运动和其动态演示模板的制作,以及单摆的运动和其动态演示模板的制作。

本书的出版得到了新疆维吾尔自治区十三五高峰学科建设项目和国家自然科学基金(批准号:11662020,51565054)的资助 ,特此表示感谢!

由于用 Excel 进行科学计算和可视化演示本身还在探索之中,加之作者的水平和能力有限,本书难免存在疏漏与不妥之处,恳请各位同仁和广大读者批评指正,也希望各位能就实践过程中的经验和心得与作者进行交流(作者邮箱:rahmat-janim@xju.edu.cn)。

目　　录

第1章 预备知识

1.1 基本概念

1. 工作簿（workbook）

工作簿是用于保存数据信息的文件名称。在一个工作簿中，可以有多个不同类型的工作表。

2. 工作表（worksheet）

工作表是工作簿的一部分，是显示在工作簿窗口中的表格。

3. 单元格（cell）和单元格区域

每个工作表都由多个长方形的"存储单元"组成，这些长方形的"存储单元"即单元格，这是 Excel 的最小单位。输入的数据就保存在这些单元格中，这些数据可以是字符串、数学公式等不同类型的内容。

单元格的组成：单元格是表中行与列的交叉部分，它是组成表的最小单位，单个数据的输入和修改都是在单元格中进行的。

单元格的地址：单元格的地址按其所在的行和列来命名。例如，A3 单元格指的是 A 列与第 3 行交叉位置上的单元格。

在 Excel 中一个单元格就是一个变量，一片单元格区域也可以视为一个变量。为了计算方便，一片单元格区域最好给一个名称，如 A＝{A1：C3}、B＝{E1：G3}等。

单元格区域的名称设置步骤：选定数组域，单击"公式"菜单，选择定义名称项，在名称框内输入单元格区域的名称,然后单击"确定"按钮即可。

4. 数据的输入、修改和填充

(1) 数据的输入

单击要输入数据的单元格,利用键盘输入相应的内容。

(2) 数据的修改

① 修改单元格中的全部内容:直接替换数据。单击要修改的单元格,然后输入新内容,新内容会替换原单元格中的内容。

② 修改单元格中的部分内容:双击单元格,单元格变成录入状态,光标变成"|"形,该光标表示文字插入的位置,然后按住鼠标左键,选中要修改的文字,这样便可输入新的内容。

(3) 数据的填充

填充等差序列:在 A1 单元格中输入"1",在 A2 单元格中输入"1.5",选中单元格 A1 和 A2,把鼠标指针移动到单元格 A2 的右下角(也就是填充柄的位置),当鼠标指针变为"+"符号时,按住鼠标左键向下拖拽,即可得到步长为 0.5 的等差序列;在 B3 单元格输入"1",把鼠标指针移动到 B3 单元格右下角,当鼠标指针变为"+"符号时,按住 Ctrl 键,然后再按住鼠标左键向下拖拽,即可得到一个步长为 1 的等差序列。按住 Ctrl 键的同时拖拽单元格,这个操作方法在填充过程中改变了默认的填充方式。在默认情况下,拖拽包含纯数字的单元格,只会复制数字,如果按住 Ctrl 键的同时再拖拽,就把填充方式改变为以 1 为步长的递增填充方式了。实际工作中,可以根据实际情况,按 Ctrl 键或不按 Ctrl 键来试探拖拽效果,然后根据需要选择即可。

填充等比序列:在单元格 A1 中输入"1",选中单元格 A1,单击"开始→填充→序列",选择序列类型为等比序列、选择序列输出在行,填入步长值 2 和终止值 16 (如图 1.1 所示),然后单击"确定",则单元格 B1、C1、D1 和 E1 的值分别自动填充为 2,4,8 和 16。

5. 单元格的引用

单元格的引用可以分为相对引用、绝对引用和混合引用 3 类。

(1) 相对引用:单元格中的相对引用(如单元格 A1)是指引用单元格的相对位置。如果公式所在单元格的位置改变,则引用也随之改变。如果公式中有单元格的相对引用,则复制或移动后的公式会根据单位格当前所在的位置而自动更新。在默认情况下,新公式使用相对引用。另外,复制公式也具有相对引用。例如,C1 单元

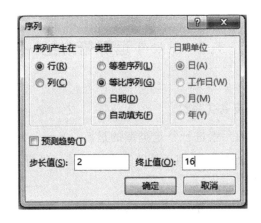

图 1.1 快速填充

格中的公式为"$=(A1+B1)/2$",将其复制到单元格 C2 后,公式变成"$=(A2+B2)/2$"。

(2) 绝对引用:单元格中的绝对引用(如 $A$1)是指总在指定位置引用单元格。如果公式所在单元格的位置改变,绝对引用保持不变。如果多行或多列地复制公式,绝对引用将不做调整。在默认情况下,新公式使用相对引用,需要将它们转换为绝对引用。使用绝对引用的时候,要在行与列的标志前加一个符号"$",当前面出现"$"符号的时候,其列或行的位置将被锁定,不会随公式复制而改变。例如,如果将单元格 B2 中的绝对引用复制到单元格 B3,则在两个单元格中都是 $A$1。

(3) 混合引用:混合引用具有绝对列和相对行或绝对行和相对列。绝对引用列要采用 $A1、$B1 等形式;绝对引用行采用 A$1、B$1 等形式。如果公式所在单元格的位置改变,则相对引用改变,而绝对引用不变。如果多行或多列地复制公式,则相对引用会自动调整,而绝对引用不做调整。例如,将一个混合引用从单元格 A2 复制到单元格 B3 时,它将从"$=A$1$"调整到"$=B1"。

单元格的引用方式总共有 4 种。

A1:A100:相对引用,即行和列都可变化。

$A$1:$A$100:绝对引用,即行和列都不变化。

$A1:$A100:列绝对引用,行相对引用,即行变化,列不变化。

A$1:A$100:行绝对引用,列相对引用,即行不变化,列变化。

1.2 Excel 运算符介绍

1. 运算符的类型及其优先级

运算符对公式中的元素进行特定类型的运算。Excel 中包含 4 种类型的运算符：算术运算符、比较运算符、引用运算符和文本连接运算符。

（1）算术运算符

基本的数学运算（如加法、减法、乘法和除法等）用表 1.1 所示的运算符来实现。

表 1.1　算术运算符

运算	运算符	运算符号	示例	运算结果
加法运算	＋	加号	3＋3	6
减法运算	－	减号	4－3	1
乘法运算	*	星号	4 * 3	12
除法运算	/	正斜线	4/2	2
乘幂运算	^	脱字号	3^3	27
百分比运算	％	百分号	20％	0.2

（2）比较运算符

在 Excel 中表 1.2 所示的比较运算符可以比较两个值。当用运算符比较两个值时，结果是一个逻辑值，不是 TRUE 就是 FALSE，如表格 1.2 所示。

表 1.2　比较运算符

比较运算	运算符	运算符号	示例	运算结果
等于	＝	等于号	A1＝B1	FALSE
大于	＞	大于号	A1＞B1	FALSE
小于	＜	小于号	A1＜B1	TRUE
大于或等于	＞＝	大于或等于号	A1＞＝B1	FALSE
小于或等于	＜＝	小于或等于号	A1＜＝B1	TRUE
不等于	＜＞	小于或等于号	A1＜＞B1	TRUE

注：假设单元格 A1 的值为 3，单元格 B1 的值为 4。

（3）引用运算符

引用运算符的主要功能是合并单元格区域。引用运算符一共有 3 种，如表格

1.3 所示。

表 1.3　引用运算符

引用运算符	运算符	运算符号	示例	运算结果
区域运算	:	冒号	B5:C15	以 B5 为右下单元格,C15 为左上单元格的一个区域
联合运算	,	逗号	B5:B15,D5:D15	B5:B15 这块区域和 D5:D15 这块区域
交叉运算		空格	B7:D10 C6:C11	B7:D10 区域和 C6:C11 区域的交叉(重叠)部分,即 C7:C10

（4）文本连接运算符（&）

文本运算符是指可以将一个或多个文本连接为一个组合文本的运算符号,即使用"&"连接一个或多个文本字符串,以产生一串文本。例如,单元格 A1 的值为 North,单元格 B1 的值为 Wind,在单元格 C1 中输入"=A1&B1",按回车（Enter）键后单元格 C1 的值变为 NorthWind。

（5）运算符的优先级

Excel 中的公式按运算符优先级高低计算数值。公式通常以等号"="开始,用于表明之后的字符为公式。紧随等号的是需要进行计算的元素（操作数）,各操作数之间以运算符分隔。Excel 将根据公式中运算符的优先级高低从左到右计算。若要更改求值的顺序,可将公式中要先计算的部分用括号括起来。

运算符的优先级从高到低为引用运算符、算术运算符、文本连接运算符和比较运算符。

引用运算符的优先级从高到低为":"（冒号）","（逗号）和单个空格。

算术运算符的优先级从高到低为负数（如−1）、%（百分比）、^（乘方）、*（乘）和/（除）、+（加）和−（减）。

文本连接运算符的优先级从左到右按次序连接文本字符串（串连）。

比较运算符的优先级从高到低为=（等于）、<（小于）或>（大于）、≮（不小于）、≠（不等于）。

2. Excel 中的逻辑运算

（1）逻辑与函数（AND）

用途:所有参数的逻辑值为真时返回 TRUE（真）;只要有一个参数的逻辑值为假,就返回 FALSE（假）。

命令格式：AND(Logical1,Logical2,…)。

参数：Logical1,Logical2,…为待检验的 1～30 个逻辑表达式，它们的结论为TRUE(真)或 FALSE(假)。参数必须是逻辑值或者包含逻辑值的数组或引用，如果数组或引用内含有文字或空白单元格，则忽略它的值。如果指定的单元格区域内包括非逻辑值，则 AND 将返回错误值"♯VALUE!"。

（2）逻辑或函数（OR）

用途：至少有一个参数的逻辑值为真时返回 TRUE(真)；所有参数的逻辑值为假，则返回 FALSE(假)。

命令格式：OR(Logical1,Logical2,…)。

参数：Logical1,Logical2,…为待检验的 1～30 个逻辑表达式，它们的结论或为 TRUE(真)或为 FALSE(假)。参数必须是逻辑值或者包含逻辑值的数组或引用，如果数组或引用内含有文字或空白单元格，则忽略它的值。如果指定的单元格区域内包括非逻辑值，则 OR 将返回错误值"♯VALUE!"。

（3）逻辑非函数（NOT）

用途：求出一个逻辑值或逻辑表达式的相反值。如果要确保一个逻辑值等于其相反值，就应该使用 NOT 函数。

命令格式：NOT(Logical)。

参数：Logical 是一个可以得出 TRUE 或 FALSE 结论的逻辑值或逻辑表达式。如果逻辑值或逻辑表达式的结果为 FALSE,则 NOT 函数返回 TRUE;如果逻辑值或逻辑表达式的结果为 TRUE,则 NOT 函数返回的结果为 FALSE。

（4）FALSE 函数

用途：返回逻辑值 FALSE。

命令格式：FALSE()。

参数：该函数不需要参数。如果在 A1 单元格内输入公式"＝FALSE()",按回车键后即可返回 FALSE。若在单元格或公式中输入文字 FALSE,Excel 会自动将它解释成逻辑值 FALSE。

（5）TRUE 函数

用途：返回逻辑值 TRUE。

命令格式：TRUE()。

参数：该函数不需要参数。如果在 A1 单元格内输入公式"＝TRUE()",按回车键后即可返回 TRUE。若在单元格或公式中输入文字"TRUE",Excel 会自动将它解释成逻辑值 TRUE。函数 TRUE 主要用于与其他电子表格程序兼容。

3. 条件函数(IF)

用途:执行逻辑判断,该函数可以根据逻辑表达式的真假,返回不同的结果,从而执行数值或公式的条件检测任务。

命令格式:IF(Logical_Test,Value_if_True,Value_if_False)。

参数:Logical_Test 计算结果为 TRUE 或 FALSE 的任何数值或表达式。Value_if_True 是 Logical_Test 为 TRUE 时函数的返回值,如果 Logical_Test 为 TRUE 并且省略了 Value_if_True,则返回 TRUE。而且 Value_if_True 可以是一个表达式。Value_if_False 是 Logical_Test 为 FALSE 时函数的返回值。如果 Logical_Test 为 FALSE 并且省略 Value_if_False,则返回 FALSE。Value_if_False 也可以是一个表达式。该函数广泛用于需要进行逻辑判断的场合。

逻辑运算的总结如表 1.4 所示。

表 1.4　逻辑运算的总结

函数	示例	运算结果
AND	AND(A1,B1)	FALSE
	AND(A1,C1)	TRUE
OR	OR(A1,B1)	TRUE
	OR(A1,C1)	TRUE
NOT	NOT(A1)	FALSE
	NOT(B1)	TRUE
TRUE	TRUE()	TRUE
FALSE	FALSE()	FALSE
IF	IF(A1,B1,C1)	FALSE
	IF(NOT(A1),B1,C1)	TRUE

注:单元格 A1 的值为 TRUE,单元格 B1 的值为 FALSE,单元格 C1 的值为 TRUE。

第 2 章   常用的 Excel 函数

2.1   转 换 函 数

转换函数可以根据自己的需要在弧度与角度之间进行任意转换,或者将阿拉伯数字转换成文本形式的罗马数字。

1. DEGREES 函数

功能:将弧度转换为角度。

命令格式:DEGREES(Angle)。

参数 Angle 表示要转换成角度的弧度。

例如,A1 单元格中输入"=PI()"(输入"=PI()"可得到圆周率),在单元格 B1 中,输入"=DEGREES(A1)"公式,即可计算出圆周率 3.141 593 rad 所对应的角度 180°。

2. RADIANS 函数

功能:将角度转换为弧度。

命令格式:RADIANS(Angle)。

参数 Angle 表示要转换成弧度的角度。

例如,A2 单元格的值为 180,在单元格 B2 中,输入"=RADIANS (A2)"公式,即可计算出 180°所对应的弧度 3.141 593 rad。

3. ROMAN 函数

功能:将阿拉伯数字转换为文本形式的罗马数字。

命令格式:ROMAN(Number,Form)。

参数 Number 表示需要转换的阿拉伯数字,而参数 Form 为一个数字,用于指定所需的罗马数字类型。罗马数字的样式范围可以从经典到简化,随着 Form 值的增加而趋于简单。

例如,A3 单元格的值为 14,在 B3 单元格中,输入"=ROMAB(A3,1)"公式,即可计算出阿拉伯数字 14 所对应的罗马数字ⅩⅣ。

4. ARABIC 函数

功能:将罗马数字转换为阿拉伯数字。

命令格式:ARABIC(Text)。

参数 Text 可以是字符串、空字符串或对包含文本的单元格的引用。如果 Text 为无效值,则 ARABIC 返回错误值"♯VALUE!"。如果将空字符串(" ")用作输入值,则返回 0。

例如,若单元格 A3 的值为ⅬⅦ,在 B3 单元格中,输入"=ARABIC(A3)"公式,即可计算出罗马数字ⅬⅦ所对应的阿拉伯数字 57。

5. BASE 函数

功能:将数字转换为具备给定基数的文本表示。

命令格式:BASE (Number, Radix, [Min_Length])。

参数 Number 是要转换的数字,必须是大于或等于 0 且小于 2^{53} 的整数。Radix 是基要将数字转换为的基础基数,必须是大于或等于 2 且小于或等于 36 的整数。Min_Length 是可选的,返回的字符串的最小长度必须是大于或等于 0 的整数。

例如,BASE(7,2)=111 将十进制数 7 转换为以 2 为基数的数字(二进制数)。BASE(100,16)=64 将十进制数 100 转换为以 16 为基数的数字(十六进制数)。BASE(15,2,6)=001111 将十进制数 15 转换为以 2 为基数的数字(二进制数),即数字由 1111 与 2 个前置零组成,以确保字符串长度为 6 个字符。

2.2　四舍五入函数

1. ROUND 函数

功能:将数值四舍五入到指定的位数。

命令格式：ROUND（Number，Num_Digits）。

参数 Number 是要四舍五入的数字，Num_Digits 是要进行四舍五入运算的位数。Num_Digits 大于 0 时，表示取小数点后对应位数的四舍五入数值；Num_Digits 等于 0 时，表示将数值四舍五入到最接近的整数；Num_Digits 小于 0 时，表示对小数点左侧前几位进行四舍五入。

例如：ROUND(116.5627,2)=116.56；ROUND(112.5627,3)=116.563；ROUND(116.5627,0)=117；ROUND(116.5627,−1)=120；ROUND(112.5627,−2)=100。

2. ROUNDUP 函数

功能：朝着远离零的方向将数值进行向上舍入。

命令格式：ROUNDUP（Number，Num_Digits）。

参数 Number 为需要向上舍入的任意实数，Num_Digits 为舍入后的数值的小数位数。函数 ROUNDUP 和函数 ROUND 功能相似，不同之处在于函数 ROUNDUP 总是向上舍入数值（就是要舍去的首数小于 4 时也进数加 1）。如果 Num_Digits 大于 0，则向上舍入到指定的小数位；如果 Num_Digits 等于 0，则向上舍入到最接近的整数；如果 Num_Digits 小于 0，则在小数点左侧向上进行舍入。

例如：ROUNDUP（116.5627，2）=116.57；ROUNDUP（112.5627，3）=116.563；ROUNDUP（116.5627，0）=117；ROUNDUP（116.5627，−1）=120；ROUNDUP（116.5627，−2）=200。

3. ROUNDDOWN 函数

功能：朝着远离零的方向将数值进行向下舍入。

命令格式：ROUNDDOWN（Number，Num_Digits）。

参数 Number 为需要向下舍入的任意实数，Num_Digits 为舍入后的数字的小数位数。ROUNDDOWN 函数和 ROUND 函数的功能相似，不同之处在于函数 ROUNDDOWN 总是将数字进行向下舍入。如果 Num_Digits 大于 0，则向下舍入到指定的小数位；如果 Num_Digits 等于 0，则向下舍入到最接近的整数；如果 Num_Digits 小于 0，则在小数点左侧向下进行舍入。

例如：ROUNDDOWN(116.5627,2)=116.56；ROUNDDOWN(116.5627,3)=116.562；ROUNDDOWN(116.5627,0)=116；ROUNDDOWN(116.5627,−1)=110；ROUNDDOWN(116.5627,−2)=100。

为了更好地解释 ROUND、ROUNDUP 和 ROUNDDOWN 函数之间的区别，制作图 2.1 所示的工作簿。首先在单元格 A3 到 A9 内合并输入"123.456",在单元格 B3 到 B9 内依次输入"-3""-2""-1""0""1""2""3",在单元格 C3、D3、E3 内分别输入公式"＝ROUND($A$3,B3)""＝ROUNDUP($A$3,B3)"和"＝ROUNDDOWN($A$3,B3)"。然后选中单元格 C3、D3、E3,把鼠标指针移动到单元格 E3 的右下角,当鼠标指针变为"＋"符号时,按住鼠标左键向下拖拽到单元格 E9 即可。

	参数		函数		
	Number	Num_Digits	ROUND	ROUNDUP	ROUNDDOWN
3		-3	0	1000	0
4		-2	100	200	100
5		-1	120	130	120
6	123.456	0	123	124	123
7		1	123.5	123.5	123.4
8		2	123.46	123.46	123.45
9		3	123.456	123.456	123.456

图 2.1　ROUND、ROUNDUP 和 ROUNDDOWN 函数的比较

4. FLOOR 函数

功能:将数值向下舍入(沿绝对值减少的方向)到最接近的整数或最接近的指定基数的倍数。

命令格式:FLOOR(Number,Significance)。

参数 Number 为要舍入的数值,Significance 为要舍入到的倍数。如果任一参数为非数值型,则 FLOOR 函数返回错误值"♯VALUE!"。如果 Significance 为 0,则 FLOOR 函数返回错误值"♯DIV/0!"。如果 Number 为正且 Significance 为负,则 FLOOR 函数返回"♯NUM!"。如果 Number 为正,则数值向下舍入,并朝零调整;如果 Number 为负,则数值沿绝对值减小的方向向下舍入。如果 Number 正好是 Significance 的倍数,则不进行舍入。

例如:FLOOR(116.5627,2)＝116;FLOOR(116.5627,3)＝114;FLOOR(116.5627,0)＝♯DIV/0!;FLOOR(116.5627,-1)＝♯NUM!;FLOOR(-116.5627,-2)＝-116;FLOOR(-116.5627,2)＝-118。

5. CEILING 函数

功能:将数值向上舍入(沿绝对值增大的方向)到最接近的整数或最接近的指定基数的倍数。

命令格式:CEILING(Number,Significance)。

参数 Number 为需要舍入的数值,Significance 为舍入到的倍数。如果任一参数为非数值型,则 CEILING 返回错误值"♯VALUE!"。不论参数 Number 的符号如何,数值都是沿绝对值增大的方向向上舍入。如果 Number 正好是 Significance 的倍数,则不进行舍入。如果 Number 和 Significance 都为负,则将数值按远离零的方向向下舍入;如果 Number 为负,Significance 为正,则将数值按朝向零的方向向上舍入。

例如:CEILING (116.5627,2)=118;CEILING (116.5627,3)=117;CEILING (116.5627,0)=0;CEILING (116.5627,−1)=♯NUM!;CEILING (−116.5627,−2)=−118;CEILING (−116.5627,2)=−116。

6. EVEN 函数

功能:将数值向上舍入到最接近的偶数。

命令格式:EVEN (Number)。

参数 Number 为需要舍入的数值。如果 Number 为非数值型,则返回错误值"♯VALUE!"。不论参数 Number 的符号如何,数值都沿绝对值增大的方向向上舍入。如果 Number 恰好是偶数,则不进行舍入。

例如:EVEN(1.5)=2;EVEN(3)=4;EVEN(−1)=−2;EVEN(2)=2。

7. ODD 函数

功能:将数值向上舍入到最接近的奇数。

命令格式:ODD (Number)。

参数 Number 为需要舍入的数值。如果 Number 为非数值型,则返回错误值"♯VALUE!"。不论参数 Number 的符号如何,数值都沿绝对值增大的方向向上舍入。如果 Number 恰好是奇数,则不进行舍入。

例如:ODD (1.5)=2;ODD (3)=3;ODD (−1)=−1;ODD (−2)=3。

8. INT 函数

功能:将数值向下舍入到最接近的整数。

命令格式:INT (Number)。

参数 Number 为需要进行向下舍入取整的实数。

例如:INT (1.5)=1;INT (−2.7)=−3;INT (1.23)=1。

9. TRUNC 函数

功能:将数值的小数部分截去,返回整数。

命令格式：TRUNC（Number，［Num_Digits］）。

参数 Number 为需要截尾取整的数值,用于指定取整精度的数值。Num_Digits 是可选项,默认值为 0。TRUNC 函数和 INT 函数的相似之处在于两者都返回整数。函数 TRUNC 删除数值的小数部分,而 INT 函数根据数值小数部分的值将该数值向下舍入为最接近的整数。INT 函数和 TRUNC 函数仅当作用于负数时才有所不同：TRUNC(-4.3)返回-4,而 INT(-4.3)返回-5。

例如：TRUNC（1.5）$=1$；TRUNC（-2.7）$=-2$；TRUNC（1.23,1）$=1.2$。

10. FIXED 函数

功能：将数值舍入到指定的小数位数,使用句点和逗号,以十进制数格式对该数进行格式设置,并以文本形式返回结果。

命令格式：FIXED（Number，Decimals，No_Commas）。

参数 Number 为要进行舍入并转换为文本的数值,Decimals 为小数点右边的位数,如果 Decimals 为负数,则 Number 从小数点往左按相应位数四舍五入。如果省略 Decimals,则使用系统区域设置来确定小数位数。No_Commas 是逻辑值,如果为 TRUE,则禁止在返回的文本中包含逗号;如果为 FALSE 或被省略,则返回的文本中和往常一样包含逗号。

例如：FIXED(1234.56,1)$=1234.5$；FIXED(1234.56,-1)$=1230$；FIXED(1234.56,-1,TRUE)$=1230$；FIXED(1234.56,1,FALSE)$=1,234.5$。

2.3　生成随机数的函数

1. RAND 函数

功能：返回一个大于或等于 0 且小于 1 的平均分布的随机实数。每次计算工作表时都会返回一个新的随机实数。

命令格式：RAND（）。

RAND 函数的命令格式没有参数。若要生成 a 与 b 之间的随机实数,需输入"$=a+(b-a)*RAND()$"。

2. RANDBETWEEN 函数

功能：返回位于两个指定数之间的一个随机整数。每次计算工作表时都将返回一个新的随机整数。

命令格式:RANDBETWEEN (Bottom, Top)。

参数 Bottom 是 RANDBETWEEN 函数将返回的最小整数,Top 是 RAND-BETWEEN 函数将返回的最大整数。

当通过在其他单元格中输入公式或日期重新计算工作表或者通过手动重新计算(按 F9 键)时,会使用 RAND 函数和 RANDBETWEEN 函数为任何公式生成一个新的随机数。

2.4   绝对值函数和符号函数

1. ABS 函数

功能:求出相应数值的绝对值。

命令格式:ABS (Number)。

参数 Number 代表需要求绝对值的数值或引用的单元格,如果 Number 参数不是数值,而是一些字符(如 A 等),则返回错误值"♯VALUE!"。

数学表达式:$ABS(x) = |x|$。

例如:ABS (−2.7)=2.7;ABS (5.78)=5.78。

2. SIGN 函数

功能:确定数值的符号。如果数值为正数,则返回 1;如果数值为 0,则返回 0;如果数值为负数,则返回−1。

命令格式:SIGN (Number)。

参数 Number 是任意实数。参数必须为数值类型,即数字、文本格式的数字或逻辑值。如果参数是文本,则返回错误值"♯VALUE!"。

数学表达式:

$$SIGN(x) = \begin{cases} 1, & x > 0, \\ 0, & x = 0, \\ -1, & x < 0。 \end{cases}$$

例如:SIGN (−2.7)=−1;SIGN (5.78)=1;SIGN (0)=0。

2.5　计算乘幂和指数的函数

1. POWER 函数

功能：计算数值乘幂。

命令格式：POWER（Number，Power）。

参数 Number 表示底数，可为任意实数，Power 可以是指数，也可以是任意实数。Power 的值为小数时表示计算的是开方。如果 Number 为数字以外的文本，则返回错误值"♯VALUE！"。POWER 可以使用"^"符号代替。例如，"5^2"相当于 POWER（5，2）。

数学表达式：$POWER(a,x)=a^x$。

例如：计算 5 的平方时，输入"＝POWER(5,2)"；计算 98.6 的 3.2 次幂时，输入"＝POWER(98.6,3.2)"；计算 4 的 5/4 次幂时，输入"＝POWER(4,5/4)"。

2. SQRT 函数

功能：返回数值的算术平方根，即正数根。

命令格式：SQRT（Number）。

参数 Number 表示要计算其平方根的数值，如果 Number 为负数，则 SQRT 返回错误值"♯NUM！"。

数学表达式：$SQRT(x)=\sqrt{x}$。

例如：SQRT(16)＝4；SQRT（－16）＝♯NUM！；SQRT（ABS（16））＝4。

3. EXP 函数

功能：返回 e 的 n 次幂。常数 e 等于 2.718 281 828 459 04，是自然对数的底数。

命令格式：EXP（Number）。

参数 Number 是底数 e 的指数。

数学表达式：$EXP(x)=e^x$。

例如：EXP(1)＝2.71828183；EXP(2)＝7.3890561。

2.6 计算对数的函数

1. LOG 函数

功能：根据指定底数返回数值的对数。

命令格式：LOG（Number，[Base]）。

参数 Number 为想要计算其对数的正实数，Base 是可选项，表示对数的底数。如果省略 Base，则假定其值为 10。

数学表达式：$LOG(a, x) = \log_a x$。

例如：LOG（2，8）=3；LOG（2，1/8）=$-$3；LOG（10，100）=2。

2. LOG10 函数

功能：返回数值以 10 为底的对数。

命令格式：LOG（Number）。

参数 Number 为要计算其以 10 为底的对数的正实数。

数学表达式：$LOG10(x) = \lg x$。

例如：LOG10(86)=1.934 5；LOG10(10)=1；LOG10(100000)=5。

3. LN 函数

功能：返回数值以 e(2.718 281 828 459 04)为底的对数。

命令格式：LN(Number)。

参数 Number 为要计算其以 e 为底的对数的正实数。

数学表达式：$LN(x) = \ln x$。

例如：LN(86)=4.4543473；LN(2.7182818)=1；LN(EXP(5))=5。

2.7 三 角 函 数

1. SIN 函数

功能：返回已知角度的正弦值。

命令格式：SIN(Number)。

参数 Number 是需要求正弦值的角度,以弧度表示。如果参数是以度数表示的,则将它乘以 PI()/180 或使用 RADIANS 函数将它转换为弧度。

数学表达式:$\text{SIN}(x) = \sin x$。

例如:$\text{SIN}(\text{PI}()) = 0.0$;$\text{SIN}(\text{PI}()/2) = 1.0$;$\text{SIN}(30 * \text{PI}()/180) = 0.5$;$\text{SIN}(1) = 0.8415$。

2. COS 函数

功能:返回已知角度的余弦值。

命令格式:COS(Number)。

参数 Number 是需要求余弦值的角度,以弧度表示。如果参数是以度数表示的,则将它乘以 PI()/180 或使用 RADIANS 函数将它转换为弧度。

数学表达式:$\text{COS}(x) = \cos x$。

例如:$\text{COS}(\text{PI}()) = -1.0$;$\text{COS}(\text{PI}()/2) = 0.0$;$\text{COS}(60 * \text{PI}()/180) = 0.5$;$\text{COS}(1) = 0.5403$。

3. TAN 函数

功能:返回已知角度的正切值。

命令格式:TAN(Number)。

参数 Number 是需要求正切值的角度,以弧度表示。如果参数是以度数表示的,则将它乘以 PI()/180 或使用 RADIANS 函数将它转换为弧度。

数学表达式:$\text{TAN}(x) = \tan x$。

例如:$\text{TAN}(\text{PI}()) = 0.0$;$\text{TAN}(45 * \text{PI}()/180) = 1.0$;$\text{TAN}(1) = 1.5574$。

4. CSC 函数

功能:返回已知角度的余割值。

命令格式:CSC(Number)。

参数 Number 是需要求余割值的角度,以弧度表示。如果参数是以度数表示的,则将它乘以 PI()/180 或使用 RADIANS 函数将它转换为弧度。

数学表达式:$\text{CSC}(x) = \csc x$。

例如:$\text{CSC}(\text{PI}()/2) = 1.0$;$\text{CSC}(30 * \text{PI}()/180) = 2.0$;$\text{CSC}(1) = 1.1884$。

5. SEC 函数

功能:SEC 函数返回已知角度的正割值。

命令格式:SEC(Number)。

参数 Number 是需要求正割值的角度,以弧度表示。如果参数是以度数表示的,则将它乘以 PI()/180 或使用 RADIANS 函数将它转换为弧度。

数学表达式:SEC(x)=sec x。

例如:SEC(PI())=-1.0;SEC(60 * PI()/180)=2.0;SEC(1)=1.8508。

6. COT 函数

功能:返回已知角度的余切值。

命令格式:COT(Number)

参数 Number 是需要求余切值的角度,以弧度表示。如果参数是以度数表示的,则将它乘以 PI()/180 或使用 RADIANS 函数将它转换为弧度。

数学表达式:COT(x)=cot x。

例如:COT(PI()/2)=0.0;COT(45 * PI()/180)=1.0;COT(1)=0.6421。

2.8　反三角函数

1. ASIN 函数

功能:返回数值的反正弦值,返回的角度以弧度表示,弧度值在 $-\dfrac{\pi}{2}$ 到 $\dfrac{\pi}{2}$ 之间。

命令格式:ASIN(Number)。

参数 Number 是所求角度的正弦值,必须介于-1到 1 之间。若要以度表示返回值,则将结果乘以 180/PI() 或使用 DEGREES 函数进行转换。

数学表达式:ASIN(x)=arcsin x。

例如:ASIN(0.5)=0.523598776;ASIN(-0.5) * 180/PI()=-30。

2. ACOS 函数

功能:返回数值的反余弦值,返回的角度以弧度表示,弧度值在 0 到 π 之间。

命令格式:ACOS(Number)。

参数 Number 是所求角度的余弦值,必须介于-1到 1 之间。若要以度表示返回值,则将结果乘以 180/PI() 或使用 DEGREES 函数。

数学表达式:ACOS(x)=arccos x。

例如:ACOS(0.5)=1.0472;ACOS(-0.5) * 180/PI()=-60。

3. ATAN 函数

功能:返回数值的反正切值,返回的角度以弧度表示,弧度值在 $-\dfrac{\pi}{2}$ 到 $\dfrac{\pi}{2}$ 之间。

命令格式:ATAN(Number)。

参数 Number 是所求角度的正切值。若要以度表示返回值,则将结果乘以 180/PI() 或使用 DEGREES 函数进行转换。

数学表达式:$ATAN(x) = \arctan x$。

例如:ATAN(1)=0.7854;ATAN(−1) * 180/PI()=−45。

4. ACOT 函数

功能:返回数值的反余切值,返回的角度以弧度表示,弧度值在 0 到 π 之间。

命令格式:ACOT(Number)。

参数 Number 是所求角度的余切值。若要以度表示返回值,则将结果乘以 180/PI() 或使用 DEGREES 函数进行转换。

数学表达式:$ACOT(x) = \operatorname{arccot} x$。

例如:ACOT(2)=0.4636;ACOT(1) * 180/PI()=45。

5. ATAN2 函数

功能:返回给定的 X 轴及 Y 轴坐标值的反正切值。反正切值是指 X 轴和通过原点(0,0)、坐标点(X_Num,Y_Num)的直线的夹角。该角度以弧度表示,弧度值在 $-\pi$ 到 π 之间。

命令格式:ATAN2(X_Num,Y_Num)。

参数 X_Num 是点的 X 轴坐标,Y_Num 是点的 Y 轴坐标。

数学表达式:$ATAN(x) = \arctan x$。

例如:ATAN(1)=0.7854;ATAN(−1) * 180/PI()=−45。

2.9 双 曲 函 数

1. SINH 函数

功能:返回数值的双曲正弦。

命令格式:SINH(Number)。

参数 Number 是任意实数。

数学表达式：$\text{SINH}(x) = \dfrac{e^x - e^{-x}}{2}$。

例如：SINH(0)=0.0；SINH(1)=1.1752；SINH(LN(2))=0.75；SINH(LN(0.5))=−0.75。

2. COSH 函数

功能：返回数值的双曲余弦值。

命令格式：COSH(Number)。

参数 Number 是任意实数。

数学表达式：$\text{COSH}(x) = \dfrac{e^x + e^{-x}}{2}$

例如：COSH(0)=1.0；COSH(1)=1.5431；COSH(LN(2))=1.25。

3. TANH 函数

功能：返回数值的双曲正切值。

命令格式：TANH(Number)。

参数 Number 是任意实数。

数学表达式：$\text{TANH}(x) = \dfrac{e^x - e^{-x}}{e^x + e^{-x}}$。

例如：TANH(0)=0.0；TANH(1)=0.7616；TANH(LN(2))=0.6。

4. COTH 函数

功能：返回数值的双曲余切值。

命令格式：COTH(Number)。

参数 Number 是任意实数。

数学表达式：$\text{COTH}(x) = \dfrac{e^x + e^{-x}}{e^x - e^{-x}}$。

例如：COTH(1)=1.3130；COTH(LN(0.5))=−1.6667；COTH(LN(2))=1.6667。

5. CSCH 函数

功能：返回数值的双曲余割值。

命令格式：CSCH(Number)。

参数 Number 是任意实数。

数学表达式：$\text{CSCH}(x) = \dfrac{2}{e^x - e^{-x}}$。

例如：CSCH(1)＝0.8509；CSCH(LN(0.5))＝－1.3333；CSCH(LN(2))＝1.3333。

6. SECH 函数

功能：返回数值的双曲正割值。

命令格式：SECH（Number）。

参数 Number 是任意实数。

数学表达式：$SECH(x)=\dfrac{2}{e^x+e^{-x}}$。

例如：SECH(1)＝0.6481；SECH (0)＝1.0；SECH (LN(2))＝0.8。

2.10 反双曲函数

1. ASINH 函数

功能：返回数值的反双曲正弦值。

命令格式：ASINH（Number）。

参数 Number 是任意实数。反双曲正弦值是指双曲正弦值为 Number 的值，因此 ASINH(SINH(Number)) 等于 Number。

数学表达式：$ASINH(x)=\text{arcsinh } x=\ln\left(x+\sqrt{x^2+1}\right)$。

例如：ASINH(1)＝0.8814；ASINH(0)＝0.0；ASINH(－1)＝－0.8814。

2. ACOSH 函数

功能：返回数值的反双曲余弦值。

命令格式：ACOSH（Number）。

参数 Number 是大于或等于 1 的任意实数。反双曲余弦值是指双曲余弦值为 Number 的值，因此 ACOSH(COSH(Number)) 等于 Number。

数学表达式：$ACOSH(x)=\text{arccosh } x=\ln\left(x+\sqrt{x^2-1}\right)$。

例如：ACOSH (1)＝0.0；ACOSH (3)＝1.7627；ACOSH (2)＝1.3170。

3. ATANH 函数

功能：返回数值的反双曲正切值。

命令格式:ATANH(Number)。

参数 Number 是大于或等于 1 的任意实数。反双曲正切值是指双曲正切值为 Number 的值,因此 ATANH(TANII(Numbcr)) 等于 Number。

数学表达式:

$$\mathrm{ATANH}(x) = \mathrm{arctanh}\ x = \frac{1}{2}\ln\frac{1+x}{1-x}.$$

例如:ATANH(0.5)=0.549 3;ATANH(3)=1.762 7;ATANH(−0.5)= −0.549 3。

4. ACOTH 函数

功能:返回数值的反双曲余切值。

命令格式:ACOTH(Number)。

参数 Number 是绝对值大于 1 的任意实数。反双曲余切值是指双曲余切值为 Number 的值,因此 ACOTH(COTH(Number))等于 Number。

数学表达式:

$$\mathrm{ACOTH}(x) = \mathrm{arccoth}\ x = \frac{1}{2}\ln\frac{x+1}{x-1}.$$

例如:ACOTH (2)=0.5493; ACOTH (3)=0.3466; ACOTH (−2)= −0.5493。

2.11 复数的表示及其运算

1. COMPLEX 函数

功能:将实部和虚部转换为复数。

命令格式:COMPLEX(Real_Num, Image_Num, [Suffix])。

参数 Real_Num 是复数的实部,Image_Num 是复数的虚部,可选项 Suffix 是复数中虚部的后缀,默认值为 i。

例 2.1 在 Excel 中输入复数 $z=3+\mathrm{i}2$。

方法一:在单元格 E2 中输入"=3",单元格 F2 中输入"=2",然后在单元格 G2 中输入"=COMPLEX (E2, F2)",然后按回车键就可以了,如图 2.2(a)所示。

方法二:选择一个空单元格,输入"=COMPLEX 确认(3,2)",然后,按回车键就可以了,如图 2.2(b)所示。

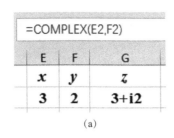 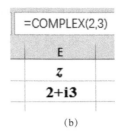

（a）　　　　　　　　　　（b）

图 2.2　复数的输入

2. IMREAL 函数

功能:返回以 $x+\mathrm{i}y$ 或 $x+\mathrm{j}y$ 文本格式表示的复数的实部。

命令格式:IMREAL (I_Number)。

参数 I_Number 是需要计算实部的复数。

数学表达式:$\mathrm{IMREAL}(z)=\mathrm{Re}(z)=x$,其中,$z=x+\mathrm{i}y$。

3. IMAGINARY 函数

功能:返回以 $x+\mathrm{i}y$ 或 $x+\mathrm{j}y$ 文本格式表示的复数的虚部。

命令格式:IMAGINARY (I_Number)。

参数 I_Number 是需要计算虚部的复数。

数学表达式:$\mathrm{IMAGINARY}(z)=\mathrm{IM}(z)=y$,其中,$z=x+\mathrm{i}y$。

例 2.2　求复数 $z=3+\mathrm{i}2$ 的实部与虚部。

方法一:先单击单元格 E1,输入"=IMREAL("3+i2")",返回 3,得到复数的实部。然后单击单元格 F1,输入"=IMAGINARY ("3+i2")",返回 2,得到复数的虚部,如图 2.3(a)所示。

方法二:第一步选择空 A2 单元格,输入"=COMPLEX (3,2)",第二步在单元格 B2 和 C2 中输入"=IMREAL (A2)"和"=IMAGINARY (A2)",即可得到复数的实部和虚部,如图 2.3(b)所示。

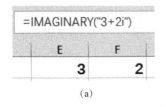

（a）　　　　　　　　　　（b）

图 2.3　复数的实部与虚部的计算

4. IMCONJUGATE 函数

功能：返回以 $x+iy$ 或 $x+jy$ 文本格式表示的复数的共轭复数。

命令格式：IMCONJUGATE（I_Number）。

参数 I_Number 是需要计算共轭复数的复数。

数学表达式：IMCONJUGATE$(z)=\bar{z}=x-iy$，其中 $z=x+iy$。

例 2.3 在 Excel 中求出 $z=3+i2$ 的共轭复数。

方法一：在单元格 D2 中输入函数"＝IMCONJUGATE（"3 + i2"）"，如图 2.4(a) 所示。

方法二：第一步，用 COMPLEX 函数形成一个复数；第二步，单击单元格，输入"＝IMCONJUGATE（D2）"，如图 2.4(b) 所示。

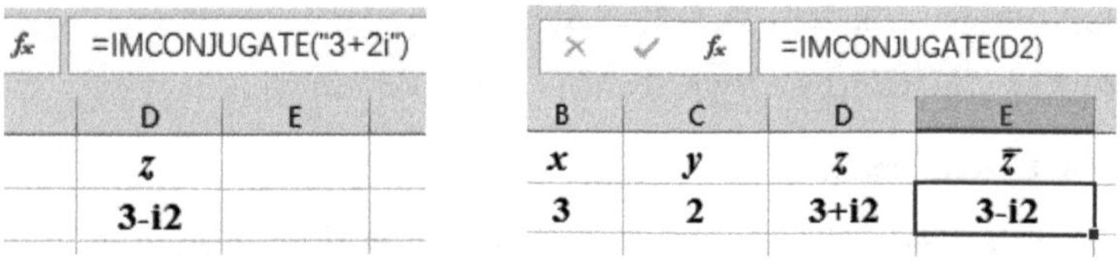

(a)   (b)

图 2.4 复数的共轭复数的计算

5. IMARGUMENT 函数

功能：求复数 $z=x+iy=r(\cos\theta+i\sin\theta)$ 以弧度表示的辐角 θ，其中 $r=\sqrt{x^2+y^2}$。

命令格式：IMARGUMENT（I_Number）。

参数 I_Number 是需要计算其参数 θ 的复数。θ 为弧度值，在 $-\pi$ 到 π 之间。

数学表达式：IMARGUMENT$(z)=\arg z=\arctan\dfrac{y}{x}$，其中 $z=x+iy$。

6. IMABS 函数

功能：使用 IMABS 函数返回以 $x+iy$ 或 $x+jy$ 文本格式表示的复数的模。

命令格式：IMABS（I_Number）。

参数 I_Number 是需要计算其绝对值的复数。

数学表达式：IMABS$(z)=|z|=\sqrt{x^2+y^2}$，其中 $z=x+iy$。

例 2.4 求复数 $z=3+i2$ 的辐角和模。

第一步，用 COMPLEX 函数形成一个复数；第二步，在单元格 D2 和 E2 中分别输入“＝IMARGUMENT(C2) * 180/PI()”和“＝IMABS(C2)”，如图 2.5 所示。

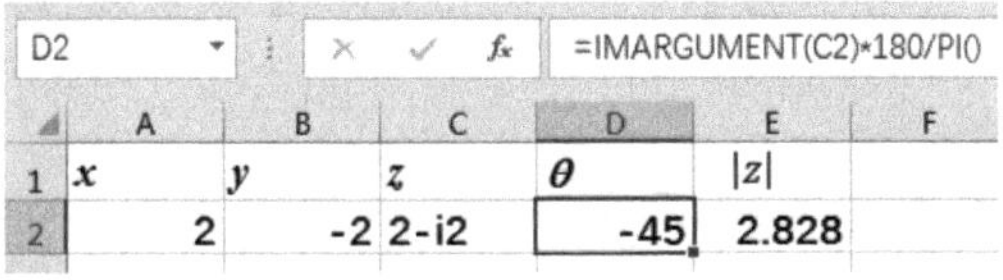

	A	B	C	D	E	F
1	x	y	z	θ	|z|	
2	2	-2	2-i2	-45	2.828	

图 2.5　计算辐角和模

7. IMSUM 函数

功能：返回以 $x+\mathrm{i}y$ 或 $x+\mathrm{j}y$ 文本格式表示的两个或多个复数的和。

命令格式：IMSUM(I_Number1, [I_Number2], …)。

参数 I_Number1, [I_Nnumber2], …中的 I_Nnumber1 是必需的，后续数值不是必需的。I_Number1，I_Number2，…，I_Number255 表示 1 到 255 要相加的复数(最多 255 个复数进行加法运算)

数学表达式：$\mathrm{IMSUM}(z_1, z_2)=z_1+z_2=(x_1+x_2)+\mathrm{i}(y_1+y_2)$，其中，$z_1=x_1+\mathrm{i}y_1$，$z_2=x_2+\mathrm{i}y_2$。

8. IMSUB 函数

功能：返回以 $x+\mathrm{i}y$ 或 $x+\mathrm{j}y$ 文本格式表示的两个复数的差。

命令格式：IMSUB(I_Number1, I_Number2)。

参数 I_Number1 是被减复数，I_Number2 是减复数，即在 I_Number1 中减去 I_Number2。

数学表达式：$\mathrm{IMSUB}(z_1, z_2)=z_1-z_2=(x_1-x_2)+\mathrm{i}(y_1-y_2)$，其中，$z_1=x_1+\mathrm{i}y_1$，$z_2=x_2+\mathrm{i}y_2$。

9. IMPRODUCT 函数

功能：返回以 $x+\mathrm{i}y$ 或 $x+\mathrm{j}y$ 文本格式表示的两个或多个复数的乘积。

命令格式：IMPRODUCT (I_Number1, [I_Number2], …)。

参数 I_Number1, [I_Number2]，…中的 I_Number1 是必需的，后续数值不是必需的。I_Number1，I_Number2，…，I_Number255 表示 1 到 255 个要相乘的复数(最多 255 个复数进行乘法运算)

数学表达式：$\mathrm{IMPRODUCT}(z_1, z_2)=z_1\cdot z_2=(x_1x_2-y_1y_2)+\mathrm{i}(x_1y_2+x_2y_1)$，其中，$z_1=x_1+\mathrm{i}y_1$，$z_2=x_2+\mathrm{i}y_2$。

10. IMDIV 函数

功能：返回以 $x+\mathrm{i}y$ 或 $x+\mathrm{j}y$ 文本格式表示的两个复数的商。

命令格式：IMDIV（I_Number1，I_Number2）。

参数 I_Number1 是被除复数，I_Nnumber2 是除复数，即将 I_Number1 除以 I_Number2。

数学表达式：$IMDIV(z_1,z_2)=\dfrac{z_1}{z_2}=\dfrac{x_1x_2+y_1y_2}{x^2+y^2}+i\dfrac{x_2y_1-x_1y_2}{x^2+y^2}$，其中 $z_1=x_1+iy_1$，$z_2=x_2+iy_2$。

例 2.5 已知 $z_1=3+i2$ 和 $z_2=2-i$，求它们的和、差、积及商。

第一步，先用 COMPLEX 函数输入已知的两个复数；第二步，在单元格 D3、D4、D5 和 D6 中分别输入"＝IMSUM（D1，D2）""＝IMSUB（D1，D2）""＝IMPRODUCT（D1，D2）"和"＝IMDIV（D1，D2）"，如图 2.6 所示。

	f_x	=IMSUB(D1,D2)
	C	D
	z_1	3+i2
	z_2	2-i
	z_1+z_2	5+i
	z_1-z_2	1+i3
	$z_1 \cdot z_2$	8+i
	z_1/z_2	0.8+i1.4

图 2.6　复数四则运算

11. 复变函数

Excel 中自带的内置复变函数如表 2.1 所示。

表 2.1　Excel 中自带的内置复变函数

序号	函数名	命令格式	实例	运算结果
1	正弦函数	IMSIN(I_Number)	IMSIN("4+i3")	$-7.61923-i6.54812$
2	余弦函数	IMCOS(I_Numbe)	IMCOS("4+i3")	$-6.58066+i7.58156$
3	正切函数	IMTAN(I_Number)	IMTAN("4+i3")	$0.00491+i1.00071$
4	余切函数	IMCOT(I_Number)	IMCOT("4+i3")	$0.00490+i0.99927$
5	余割函数	IMCSC(I_Number)	IMCSC("4+i3")	$-0.07549+i0.06489$
6	正割函数	IMSEC(I_Number)	IMSEC("4+i3")	$-0.06529-i0.07522$
7	双曲正弦函数	IMSINH(I_Number)	IMSINH("4+i3")	$-27.016813+i3.85373$
8	双曲余弦函数	IMCOSH(I_Number)	IMCOSH("4+i3")	$-27.03495+i3.85115$
9	双曲余割函数	IMCSCH(I_Number)	IMCSCH("4+i3")	$-0.03628-i0.00517$

续 表

序号	函数名	命令格式	实例	运算结果
10	双曲正割函数	IMSECH(I_Number)	IMSECH("4+i3")	−0.03625−i0.00516
11	自然对数函数	IMLN(I_Number)	IMLN("4+i3")	1.60944+i0.64350
12	以 10 为底的对数函数	IMLOG10(I_Number)	IMLOG10("4+i3")	0.69897+i0.27947
13	以 2 为底的对数函数	IMLOG2(I_Number)	IMLOG2("4+i3")	2.32193+i0.92838
14	指数函数	IMEXP(I_Number)	IMEXP("4+i3")	−54.05176+i7.70489
15	平方根函数	IMSQRT(I_Number)	IMSQRT("4+i3")	2.12132+i0.70711
16	*N* 次幂函数	IMPOWER(I_Number, N)	IMPOWER("4+i3", 2)	7+i24

2.12　矩阵(数组)的表示及其运算

1. 矩阵的输入

矩阵不是一个数，而是一个数组，在 Excel 中，数组占用一片单元格区域，在一个单元格区域内通过逐个输入矩阵的各个元素来建立矩阵。例如，若要在 Excel 中输入矩阵 $\boldsymbol{A}=\begin{pmatrix}1 & 2 & 3\\ 4 & 5 & 6\\ 7 & 8 & 9\end{pmatrix}$，则在单元区域 A2:C4 中逐个输入矩阵的各个元素即可，如图 2.7 所示。

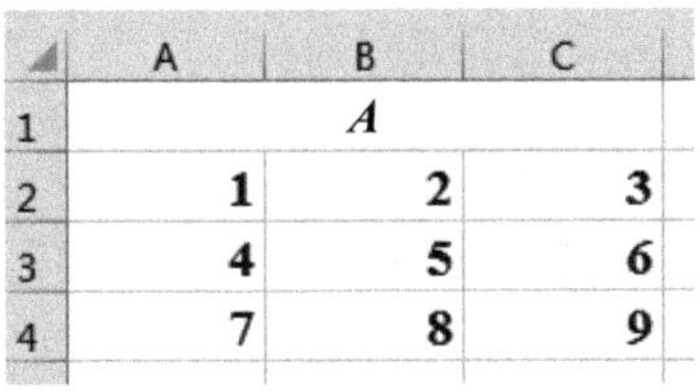

	A	B	C
1		*A*	
2	1	2	3
3	4	5	6
4	7	8	9

图 2.7　矩阵的输入

2. 矩阵的加减和数乘运算

用例 2.6 来说明在 Excel 中如何进行矩阵的加减和数乘运算。

例 2.6 已知 $A=\begin{pmatrix} 1 & 2 & 3 \\ 4 & 5 & 6 \\ 7 & 8 & 9 \end{pmatrix}$ 和 $B=\begin{pmatrix} 1 & 1 & 1 \\ 2 & 2 & 2 \\ 3 & 3 & 3 \end{pmatrix}$，求 $2A$ 和 $3A-4B$。

在单元区域 A2:C4 和 E2:G4 中逐个输入矩阵 A 和 B 的各个元素，选取单元格区域 A7:C9 输入"=2 * A2:C4"，同时按"Ctrl＋Shift＋Enter"键确认，即可得到 $2A$；选取单元格区域 E7:G9 输入"=3 * A2:C4－4 * E2:G4"，同时按"Ctrl＋Shift＋Enter"键确认，即可得到 $3A-4B$，如图 2.8 所示。

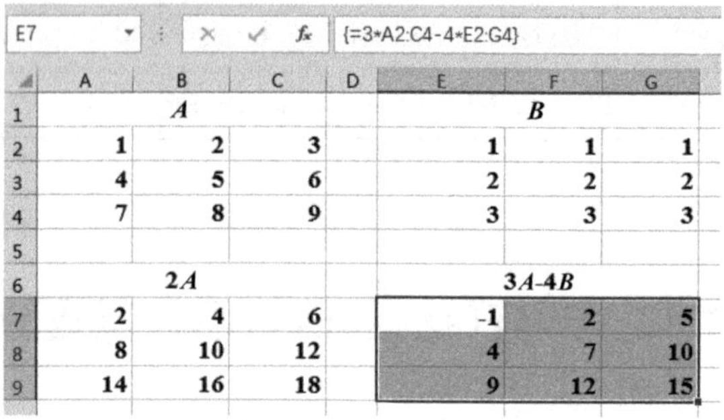

图 2.8　矩阵的加减和数乘运算

3. MDETERM 函数

功能：返回一个数组表示矩阵的行列式值。

命令格式：MDETERM(Array)。

参数 Array 是行数和列数相等的数值数组。

4. TRANSPOSE 函数

功能：可返回转置单元格区域。使用 TRANSPOSE 函数可以转置数组或工作表上单元格区域的垂直和水平方向。

命令格式：TRANSPOSE(Array)。

参数 Array 为要转置的工作表上的数组或单元格区域。数组的转置是使用数组的第一行作为新数组的第一列、数组的第二行作为新数组的第二列创建的。

5. MINVERSE 函数

功能：返回数组中存储的矩阵的逆矩阵。

命令格式：MINVERSE(Array)。

参数 Array 是行数和列数相等的数值数组。如果数组中的任何单元格为空或包含文本，则 MINVERSE 函数将返回错误值"＃VALUE!"。如果矩阵是不可逆矩阵，则 MINVERSE 函数将返回"♯NUM!"。

例 2.7　已知 $A=\begin{pmatrix} 3 & 2 & 1 \\ 6 & 5 & 4 \\ 9 & 8 & 9 \end{pmatrix}$，求 A 的行列式、转置矩阵和逆矩阵。

　　首先，在单元区域 A2：C4 中输入矩阵 A，在单元格 A7 中输入"＝MDETERM（A2：C4）"，按回车键后就可得到 A 的行列式；然后，在单元格区域 C7：E9 中输入"＝TRANSPOSE（A2：C4）"，同时按"Ctrl＋Shift＋Enter"键，就可得到 A 的转置矩阵，最后，在单元格区域 E2：G4 中输入"＝MINVERSE（A2：C4）"，同时按"Ctrl＋Shift＋Enter"键，就可得到 A 的逆矩阵，如图 2.9 所示。

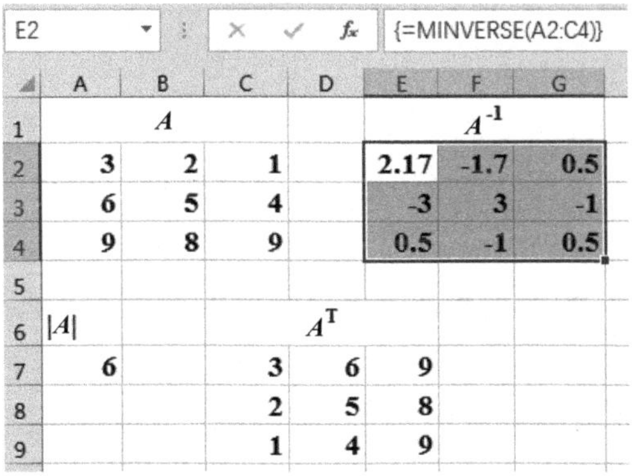

图 2.9　矩阵的行列式、转置矩阵和逆矩阵

6. MMULT 函数

功能：返回两个数组的矩阵乘积。

命令格式：MMULT（Array1，Array2）。

参数 Array1、Array2 为要进行矩阵乘法运算的两个数组，Array1 中的列数必须与 Array2 中的行数相同，并且这两个数组必须仅包含数字。

例 2.8　已知 $A=\begin{pmatrix} 1 & 2 & 3 \\ 4 & 5 & 6 \\ 7 & 8 & 9 \end{pmatrix}$ 和 $B=\begin{pmatrix} 1 & 3 \\ -1 & 4 \\ 3 & -2 \end{pmatrix}$，求 AB。

　　先在单元格区域 A2：C4 和单元格区域 E2：F4 中分别输入矩阵 A 和 B 的元素，在单元格区域 H7：I9 中输入"＝MMULT（A2：C4，E2：F4）"，同时按"Ctrl＋Shift＋Enter"键，就可得到 A 与 B 的乘积，如图 2.10 所示。

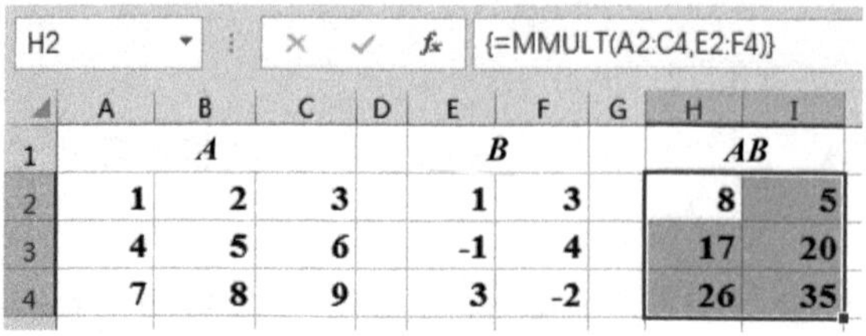

图 2.10　矩阵的乘积

2.13　排列组合计算函数

1. PERMUT 函数

功能：返回从数值对象中选择的给定数目对象的排列数。

命令格式：PERMUT(Number，Number_Chosen)。

参数 Number 表示对象个数的整数，Number_Chosen 表示每个排列中对象个数的整数。如果 Number 或 Number_Chosen 为非数型，则 PERMUT 返回错误值"♯VALUE!"。如果 Number≤0 或 Number_Chosen< 0，则 PERMUT 返回错误值"♯NUM!"。如果 Number ＜Number_Chosen，则 PERMUT 返回错误值"♯NUM!"。

数学表达式：$\mathrm{PERMUT}(n,m)=\mathrm{A}_n^m=\dfrac{n!}{(n-m)!}$。

例如：PERMUT(100,3)=970200；PERMUT(3,2)=6。

2. COMBIN 函数功能

功能：返回给定数目的项目的组合数。使用 COMBIN 函数可确定给定数量项目的总组数。

命令格式：COMBIN(Number，Number_Chosen)。

参数 Number 为项目的数量，Number_Chosen 为每一个组合中项目的数量。如果参数为非数值型，则函数 COMBIN 返回错误值"♯VALUE!"或"♯REF!"，如果 Number< 0，Number_Chosen ＜0 或 Number＜ Number_Chosen，则返回错误值"♯NUM!"和"♯REF!"。

数学表达式：$\mathrm{COMBIN}(n,m)=\mathrm{C}_n^m=\dfrac{\mathrm{A}_n^m}{m!}=\dfrac{n!}{m!(n-m)!}$。

例如:COMBIN(100,3)=161700;COMBIN(8,2)=28。

3. FACT 函数

功能:返回数的阶乘。

命令格式:FACT(Number)。

参数 Number 为要计算其阶乘的非负数。Number 如果不是整数,则将被截尾取整。

数学表达式:$FACT(n)=n! = n \cdot (n-1) \cdot (n-2) \cdot \cdots \cdot 3 \cdot 2 \cdot 1$。

例如:FACT(5)=120;FACT(6.4)=720。

2.14　典型的与离散型随机变量有关的函数

1. 二项分布

(1) BINOM. DIST(或 BINOMDIST)函数

功能:返回二项式分布的概率。

命令格式:BINOM. DIST(Number_S, Trials, Probability_S, Cumulative)。

参数 Number_S 是试验成功的次数,Trials 是独立试验次数,Probability_S 是每次试验成功的概率,Cumulative 是决定函数形式的逻辑值。如果 Cumulative 为 TRUE,则返回累积分布函数,即最多成功 Number_S 次的概率;如果 Cumulative 为 FALSE,则返回概率密度函数,即只成功 Number_S 次的概率。

数学表达式:

$$BINOM. DIST(m, n, p, FALSE)=C_n^m p^m (1-p)^{n-m};$$

$$BINOM. DIST(m, n, p, TRUE)= \sum_{k=0}^{m} C_n^k p^k (1-p)^{n-k}。$$

例如:BINOM. DIST(2,4,0.1,FALSE)=0.0486;BINOM. DIST(2,4,0.1,TRUE)=0.9963。

(2) BINOM. INV(或 CRITBINOM)函数

功能:返回一个数值——使得累积二项式分布的函数值大于或等于临界值的最小整数。

命令格式:BINOM. INV(Trials, Probability_S, Alpha)。

参数 Trials 是试验次数，Probability_S 是一次试验中成功的概率，Alpha 是临界值。如果任一参数为非数值型，则返回错误值"♯VALUE!"。Trials 如果不是整数，则将被截尾取整。如果 Trials < 0，则返回错误值"♯NUM!"。如果 Probability_S < 0 或 Probability_S > 1，则返回错误值"♯NUM!"。如果 Alpha < 0 或 Alpha > 1，则返回错误值"♯NUM!"。

数学表达式：

$$\text{BINOM. INV}(n,p,\alpha)=\min\left\{m \mid p < \sum_{k=0}^{m} C_n^k p^k (1-p)^{n-k}\right\}。$$

例如：BINOM. INV (4,0.1,0.9963)＝2；BINOM. INV (6,0.1,0.6)＝1。

(3) BINOM. DIST. RANGE 函数

功能：返回试验结果的概率。

命令格式：BINOM. DIST. RANGE (Trials，Probability_S，Number_S，[Number_S2])。

参数 Trials 是独立试验次数，必须大于或等于零。Probability_S 是每次试验成功的概率，必须大于或等于 0 并小于或等于 1。Number_S 是试验成功的次数，必须大于或等于 0 并小于或等于 Trials。Number_S2 是可选项，如提供，则返回的试验成功次数介于 Number_S1 和 Number_S2 之间的概率，必须大于或等于 Number_S1 并小于或等于 Trials。

数学表达式：

$$\text{BINOM. DIST. RANGE}(n,p,m_1,m_2)=\sum_{k=m_1}^{m_2} C_n^k p^k (1-p)^{n-k}$$

例如：

$$\text{BINOM. DIST. RANGE }(4,0.1,1,3)＝0.3438；$$

$$\text{BINOM. DIST. RANGE }(6,0.2,0,3)＝0.4557。$$

2. 超几何分布

(1) HYPGEOM. DIST 函数

功能：返回超几何分布。如果已知样本量、总体成功次数和总体大小，则返回样本取得已知成功次数的概率。

命令格式：HYPGEOM. DIST(Sam_S，Num_Sam，Pop_S，Num_Pop，Cumulative)。

函数 Sam_S 是样本中成功的次数,Num_Sam 是样本量,Pop_S 是总体中成功的次数,Num_Pop 是总体大小,Cumulative 是决定函数形式的逻辑值。如果 Cumulative 为 TRUE,则 HYPGEOM. DIST 返回累积分布函数;如果 Cumulative 为 FALSE,则返回概率密度函数。

数学表达式:

$$HYPGEOM. DIST(m,n,M,N,FALSE) = \frac{C_M^m C_{N-M}^{n-m}}{C_N^n};$$

$$HYPGEOM. DIST(m,n,M,N,TRUE) = \sum_{k=0}^{m} \frac{C_M^k C_{N-M}^{n-k}}{C_N^n}。$$

例如:

$$HYPGEOM. DIST(2,5,10,20, TRUE) = 0.5;$$

$$HYPGEOM. DIST(2,5,10,20, FALSE) = 0.3483。$$

(2) HYPGEOMDIST 函数

功能:返回超几何分布。如果已知样本量、总体成功次数和总体大小,则返回样本取得已知成功次数的概率。

命令格式:HYPGEOMDIST(Sam_S, Num_Sam, Pop_S, Num_Pop)。

参数 Sam_S 是样本中成功的次数,Num_Sam 是样本量,Pop_S 是总体中成功的次数,Num_Pop 是总体大小。

数学表达式:

$$HYPGEOMDIST(m,n,M,N) = \frac{C_M^m C_{N-M}^{n-m}}{C_N^n}。$$

例如:

$$HYPGEOMDIST(2,5,10,30) = 0.3560;$$

$$HYPGEOMDIST(1,4,8,20) = 0.3633。$$

3. 泊松分布

(1) POISSON. DIST 函数

功能:POISSON. DIST 函数返回泊松分布。

命令格式:POISSON. DIST(x, Mean, Cumulative)。

参数 x 是事件数,Mean 是期望值(泊松分布的参数),Cumulative 是逻辑值,可确定所返回的概率分布的形式。如果 Cumulative 为 TRUE,则返回发生的随机事件数在 0(含 0)和 x(含 x)之间的累积泊松概率;如果 Cumulative 为 FALSE,则返回发生的事件数正好是 x 的泊松概率密度函数。x 如果不是整数,则将被截尾取整。如果 x 或 Mean 为非数值型,则返回错误值"♯VALUE!"。如果 $x<0$,则返回错误值"♯NUM!"。如果 Mean<0,则返回错误值"♯NUM!"。

数学表达式:

$$POISSON.DIST(x,\lambda,FALSE)=\frac{e^{-\lambda}\lambda^x}{x!};$$

$$POISSON.DIST(x,\lambda,TRUE)=\sum_{k=0}^{x}\frac{e^{-\lambda}\lambda^x}{x!}。$$

例如:

$$POISSON.DIST(2,0.4,TRUE)=0.9769;$$

$$POISSON.DIST(A2,A3,FALSE)=0.0989。$$

(2) POISSON 函数

POISSON 函数与 POISSON.DIST 函数的功能和命令格式完全一样。

4. 与概率分布表有关的 PROB 函数

功能:返回离散型随机变量可能取得值落在指定区间内的概率。

命令格式:PROB (x_Range, Prob_Range, [Lower_Limit], [Upper_Limit])。

参数 x_Range 是具有各自相应概率值的 x 数值区域;Prob_Range 是与 x_Range 中的值相关联的一组概率值;Lower_Limit 是可选项,表示要计算其概率的数值下界;Upper_Limit 是可选项,表示要计算其概率的可选数值上界。如果 Prob_Range 中的任意值小于或等于 0 或大于 1,或 Prob_Range 中所有值之和不等于 1,则 PROB 返回错误值"♯NUM!"。如果省略 Upper_Limit,则返回值等于 Lower_Limit 时的概率。如果 x_Range 和 Prob_Range 中的数据点个数不同,则返回错误值"♯N/A"。

图 2.11 所示为计算随机变量 X 落在区间[1.5,4.1]内的方法。

B3		× ✓ f_x	=PROB(B1:G1,B2:G2,1.5,4.1)			
▲	A	B	C	D	E	F	G
1	随机变量X可能取得值	0	1	2	3	4	5
2	随机变量X可能取得值的概率	0.1	0.4	0.05	0.1	0.15	0.2
3	X落在区间[1.5, 4.1]内的概率	0.3					

图 2.11　计算随机变量 X 落在区间[1.5,4.1]内的方法

2.15　常用的与连续型随机变量有关的函数

1. 指数分布

(1) EXPON. DIST 函数

功能:返回指数分布。

命令格式: EXPON. DIST(x, Lambda, Cumulative)。

参数 x 是函数值,Lambda 是指数分布参数值,Cumulative 是逻辑值,用于指定指数函数的形式。如果 Cumulative 为 TRUE,则返回累积分布函数;如果 Cumulative 为 FALSE,则返回概率密度函数。如果 x 或 Lambda 为非数值型,则返回错误值"♯VALUE!"。如果 $x<0$,则返回错误值"♯NUM!"。如果 Lambda$<$ 0,则返回错误值"♯NUM!"。

数学表达式:

$$\text{EXPON. DIST}(x, \lambda, \text{FALSE}) = \lambda e^{-\lambda x};$$

$$\text{EXPON. DIST}(x, \lambda, \text{TRUE}) = 1 - e^{-\lambda x}。$$

例如:

$$\text{EXPON. DIST}(2, 0.6, \text{TRUE}) = 0.97688;$$

$$\text{EXPON. DIST}(2, 0.6, \text{FALSE}) = 0.09879。$$

(2) EXPONDIST 函数

EXPONDIST 函数与 EXPON. DIST 函数的功能和命令格式完全一样。

2. 正态分布

(1) NORM. S. DIST (或 NORMSDIST)函数

功能:返回标准正态分布(平均值为 0,标准偏差为 1)函数。

命令格式:NORM. S. DIST (x, Cumulative)。

参数 x 是需要计算其分布的数值,Cumulative 是确定函数形式的逻辑值。如果 Cumulative 为 TRUE,则返回分布函数;如果 Cumulative 为 FALSE,则返回概率密度函数。如果 x 为非数值型,则返回错误值"♯VALUE!"。

数学表达式:

$$\text{NORM. DIST}(x, \text{FALSE}) = \frac{1}{\sqrt{2\pi}} e^{-\frac{x^2}{2}};$$

$$\text{NORM. DIST}(x, \text{TRUE}) = \int_{-\infty}^{x} \frac{1}{\sqrt{2\pi}} \mathrm{e}^{-\frac{t^2}{2}} \mathrm{d}t。$$

例如：

$$\text{NORM. S. DIST}(0, \text{FALSE}) = 0.39894;$$

$$\text{NORM. S. DIST}(0, \text{TRUE}) = 0.5。$$

（2）NORM. S. INV（或 NORMSINV）函数

功能：返回标准正态分布函数的反函数值。

命令格式：NORM. S. INV（Probability）。

参数 Probability 是标准正态分布的概率。如果 Probability 为非数值型，则返回错误值"♯VALUE!"；如果 Probability≤0 或 Probability≥1，则返回错误值"♯NUM!"。

数学表达式：NORM. S. INV(P)=x。则 NORM. S. DIST(x, TRUE)=P。

例如：NORM. S. INV(0.5)=0；NORM. INV(0.3)=-0.5244。

（3）NORM. DIST（或 NORMDIST）函数

功能：返回指定平均值和标准偏差的正态分布函数。

命令格式：NORM. DIST(x, Mean, Standard_Dev, Cumulative)。

参数 x 是需要计算其分布的数值，Mean 是分布的算术平均值，Standard_Dev 是分布的标准偏差，Cumulative 是确定函数形式的逻辑值。如果 Cumulative 为 TRUE，则返回分布函数；如果 Cumulative 为 FALSE，则返回概率密度函数。如果 Mean 或 Standard_Dev 为非数值型，则返回错误值"♯VALUE!"。如果 Standard_Dev≤0，则返回错误值"♯NUM!"。如果 Mean=0，Standard_Dev=1，则返回标准正态分布，

数学表达式：

$$\text{NORM. DIST}(x, \mu, \sigma, \text{FALSE}) = \frac{1}{\sqrt{2\pi}\sigma} \mathrm{e}^{-\frac{(x-\mu)^2}{2\sigma^2}};$$

$$\text{NORM. DIST}(x, \mu, \sigma, \text{TRUE}) = \int_{-\infty}^{x} \frac{1}{\sqrt{2\pi}\sigma} \mathrm{e}^{-\frac{(t-\mu)^2}{2\sigma^2}} \mathrm{d}t。$$

例如：

$$\text{NORM. DIST}(1, 2, 1, \text{FALSE}) = 0.24197;$$

$$\text{NORM. DIST}(1, 2, 1, \text{TRUE}) = 0.15866;$$

$$\text{NORM. DIST}(0, 0, 1, \text{FALSE}) = 0.39894;$$

$$\text{NORM. DIST}(0, 0, 1, \text{TRUE}) = 0.5。$$

（4）NORM. INV（或 NORMINV）函数

功能：返回指定平均值和标准偏差的正态分布函数的反函数值。

命令格式：NORM. INV（Probability，Mean，Standard_Dev）。

参数 Probability 是对应于正态分布的概率，Mean 是分布的算术平均值，Standard_Dev 是分布的标准偏差。如果任一参数为非数值型，则返回错误值"♯VALUE！"。如果 Probability≤0 或 Probability≥1，则返回错误值"♯NUM！"。如果 Standard_Dev≤0，则返回错误值"♯NUM！"。如果 Mean＝0 且 Standard_Dev＝1，则返回标准正态分布的反函数。

数学表达式：NORM. INV$(P,\mu,\sigma)=x$。则 NORM. DIST$(x,\mu,\sigma,TRUE)=P$。

例如：NORM. INV$(0.15866,2,1)=1$；NORM. INV$(0.5,0,1)=0$。

（5）CONFIDENCE. NORM（或 CONFIDENCE）函数

功能：使用正态分布返回总体平均值的置信区间。

命令格式：CONFIDENCE. NORM（Alpha，Standard_Dev，Size）。

参数 Alpha 是用来计算置信水平的显著性水平（置信水平等于 $100 \times (1-$ Alpha)%），Standard_Dev 是数据区域的总体标准偏差（假定为已知），Size 是样本大小。size 如果不是整数，将被截尾取整。如果任意参数为非数值型，或者 Alpha≤0 或 Alpha≥1，或者 Standard_Dev＜0，或者 Size＜1 则返回"♯NUM！"错误值"♯REF！"

数学表达式：

$$CONFIDENCE. NORM(\alpha,\sigma,n)=\frac{\sigma}{\sqrt{n}}Z_{\alpha/2}。$$

如果样本平均值为 $\overline{X}$，则总体平均值的置信区间对应显著性水平 Alpha 的置信区间为 $\overline{X}\pm$CONFIDENCE. NORM(α,σ,n)。

例如：CONFIDENCE. NORM$(0.05，2.5，50)=0.692952$；如果样本均值为30，则总体的置信区间为 30 ± 0.692952，即 29.307048 到 30.692952。

3. χ^2 分布

（1）CHIDIST（或 CHISQ. DIST. RT）函数

功能：返回 χ^2 分布的右尾概率。

命令格式：CHIDIST$(x,Deg\_Freedom)$。

参数 x 是计算分布的数值，Deg_Freedom 是自由度数。如果任何一个参数是非数值型，则返回错误值"♯VALUE！"。如果 x 为负值，返回错误值"♯NUM！"。Deg_Freedom 如果不是整数，则将被截尾取整。

数学表达式：$CHIDIST(x,n) = P\{X > x\}$，其中 $X \sim \chi^2(n)$。

例如：$CHIDIST(5,10) = 0.89117$；$CHIDIST(0.5,1) = 0.47950$。

（2）CHISQ. DIST 函数

功能：返回 χ^2 分布。

命令格式：CHISQ. DIST（x, Deg_Freedom, Cumulative）。

参数 x 是计算分布的数值，Deg_Freedom 是自由度数，Cumulative 是决定函数形式的逻辑值。如果 Cumulative 为 TRUE，则返回分布函数；如果 Cumulative 为 FALSE，则返回概率密度函数。如果任何一个参数是非数值型，则返回错误值"♯VALUE!"。如果 x 为负值，则返回错误值"♯NUM!"。Deg_Freedom 如果不是整数，则将被截尾取整。

数学表达式：

$$CHISQ. DIST(x,n,TRUE) = P\{X < x\};$$

$$CHISQ. DIST(x,n,FALSE) = \frac{d}{dx}P\{X < x\}，其中 X \sim \chi^2(n);$$

$$CHISQ. DIST(x,n,TRUE) = 1 - CHIDIST(x,n)。$$

例如：$CHISQ. DIST（5,10,FALSE） = 0.066801$；$CHISQ. DIST（5,10,TRUE） = 0.10882$。

（3）CHISQ. INV（或 CHIINV 或 CHISQ. INV. RT）函数

功能：返回 χ^2 分布的右尾概率的反函数。

命令格式：CHISQ. INV（Probability, Deg_Freedom）。

参数 Probability 是与 χ^2 分布相关联的概率；Deg_Freedom 是自由度数。如果任何一个参数是非数值型，则返回错误值"♯VALUE!"。如果 Probability < 0 或 Probability > 1，则返回错误值"♯NUM!"。Deg_Freedom 如果不是整数，则将被截尾取整。

例如：$CHISQ. INV（0.10882,10） = 5$；$CHISQ. INV（0.5,10） = 9.34182$。

4. t 分布

（1）T. DIST 函数

功能：返回 t 分布的左尾分布。

命令格式：T. DIST（x, Deg_Freedom, Cumulative）。

参数 x 是计算分布的数值；Deg_Freedom 是表示自由度数的整数；Cumulative 是决定函数形式的逻辑值。如果 Cumulative 为 TRUE，则返回分布函数，如果 Cumulative 为 FALSE，则返回概率密度函数。

数学表达式：

$$\mathrm{T.DIST}(x,n,\mathrm{TRUR})=P\{X<x\};$$

$$\mathrm{T.DIST}(x,n,\mathrm{FALSE})=\frac{\mathrm{d}}{\mathrm{d}x}P\{X<x\},$$

其中 $X\sim T(n)$。

例如：$\mathrm{T.DIST}(0.5,10,\mathrm{FALSE})=0.3397$；$\mathrm{T.DIST}(0.5,10,\mathrm{TRUE})=0.6861$。

（2）T.INV 函数

功能：返回 t 分布的左尾反函数。

命令格式：T.INV (Probability, Deg_Freedom)。

参数 Probability 是 t 分布相关的概率，Dg_Freedom 是代表分布的自由度数。

数学表达式：$\mathrm{T.INV}(P,n)=x$。则 $\mathrm{T.DIST}(x,n,\mathrm{TRUE})=P$。

例如：$\mathrm{T.INV}(0.6861,10)=0.5$；$\mathrm{T.INV}(0.1,10)=-1.5332$。

（3）T.DIST.RT 函数

功能：返回 t 分布的右尾分布。

命令格式：T.DIST.RT (x, Deg_Freedom)。

参数 x 是计算分布的数值，Deg_Freedom 是表示自由度数的整数。

数学表达式：

$$\mathrm{T.DIST.RT}(x,n)=P\{X>x\};$$

$$\mathrm{T.DIST.RT}(x,n)=\mathrm{T.DIST}(-x,n,\mathrm{TRUE}),$$

其中 $X\sim T(n)$。

例如：$\mathrm{T.DIST.RT}(0.5,10)=0.31395$；$\mathrm{T.DIST.RT}(-0.5,10)=0.6861$。

（4）T.DIST.2T 函数

功能：返回 t 分布的双尾分布。

命令格式：T.DIST.2T (x, Deg_Freedom)。

参数 x 是计算分布的非负数值，Deg_Freedom 是表示自由度数的整数。

数学表达式：$\mathrm{T.DIST.2T}(x,n)=P\{|X|>x\}$，其中 $X\sim T(n)$。

例如：$\mathrm{T.DIST.2T}(0.5,10)=0.62789$；$\mathrm{T.DIST.2T}(0.0,10)=1$。

（5）T.INV.2T（或 TINV）函数

功能：返回 t 分布的双尾反函数。

命令格式：T.INV.2T (Probability, Deg_Freedom)。

参数 Probability 是 t 分布相关的概率，Dg_Freedom 是代表分布的自由度数。

数学表达式：T. INV. 2T$(P, n) = x$。则 T. DIST. 2T$(x, n, \text{TRUE}) = P$。

例如：T. INV. 2T$(0.62789, 10) = 0.5$；T. INV. 2T$(0.1, 5) = 2.0150$。

（6）TDIST 函数

功能：返回 t 分布的双尾分布或右尾分布。

命令格式：T. DIST. 2T (x, Deg_Freedom, Tails)。

参数 x 是计算分布的非负数值。Deg_Freedom 是表示自由度数的整数。Tails 用于指定返回的分布函数是右尾分布还是双尾分布。如果 Tails = 1，则返回右尾分布；如果 Tails = 2，则返回双尾分布。

（7）CONFIDENCE. T 函数

功能：使用正态分布返回总体平均值的置信区间。

命令格式：CONFIDENCE. T(Alpha, Standard_Dev, Size)。

参数 Alpha 是用来计算置信水平的显著性水平（置信水平等于 $100 \times (1 - \text{Alpha})\%$），Standard_Dev 是数据区域的总体标准偏差假定为已知，Size 是样本大小。Size 如果不是整数将被截尾取整。如果任意参数为非数值型，或者 Alpha≤0 或 Alpha≥1，或者 Standard_Dev≤0，或者 Size<1 则返回"＃NUM!"错误值"＃REF!"。

数学表达式：$\text{CONFIDENCE. T}(\alpha, S, n) = \dfrac{S}{\sqrt{n}} T_{\frac{\alpha}{2}}(n-1)$。

如果样本平均值为 $\overline{X}$，则总体平均值的置信区间对应显著性水平 Alpha 的置信区间为 $\overline{X} \pm \text{CONFIDENCE. T}(\alpha, S, n)$。

例如：CONFIDENCE. T$(0.05, 0.24, 10) = 0.17169$，所以如果样本均值为 10.05，则总体的置信区间为 10.05 ± 0.17169，即 9.878 31 到 10.221 69。

5. F 分布

（1）F. DIST 函数

功能：F. DIST 函数返回 F 分布函数的函数值。

命令格式：F. DIST (x, Deg_Freedom1, Deg_Freedom2, Cumulative)。

参数 x 是用来计算函数的值；Deg_Freedom1 是分子自由度；Deg_Freedom2 是分母自由度；Cumulative 是决定函数形式的逻辑值。如果 Cumulative 为 TRUE，则返回分布函数，如果 Cumulative 为 FALSE，则返回概率密度函数。如果任一个参数为非数值型，则返回错误值"＃VALUE!"。如果 x 为负数，则返回错误值"＃NUM!"。Deg_Freedom1 或 Deg_Freedom2 如果不是整数，则将被截尾取整。

数学表达式：

$$F. DIST(x, n, m, TRUE) = P\{X < x\};$$

$$F. DIST(x, n, m, FALSE) = \frac{d}{dx} P\{X < x\}, 。$$

其中 $X \sim F(n, m)$

例如：F. DIST(0.5, 6, 4, TRUE) = 0.21366；F. DIST (0.5, 6, 4, FALSE) = 0.61689。

（2）F. DIST. RT（或 FDIST）函数

功能：返回 F 分布的右尾数。

命令格式：F. DIST. RT (x, Deg_Freedom1, Deg_Freedom2)。

参数 x 是用来计算函数的值；Deg_Freedom1 是分子自由度；Deg_Freedom2 是分母自由度。

数学表达式：F. DIST. RT$(x, n, m) = P\{X > x\}$，其中 $X \sim F(n, m)$。

例如：F. DIST. RT(0.5, 6, 4) = 0.78634；F. DIST. RT (0.0, 10, 5) = 1。

（3）F. INV. RT（或 FINV）函数

功能：返回 F 分布右尾函数的反函数值。

命令格式：F. INV. RT(Probability, Deg_Freedom1, Deg_Freedom2)。

参数 Probability 是分布的概率值；Deg_Freedom1 是分子自由度；Deg_Freedom2 是分母自由度。如果任一个参数为非数值型，则返回错误值"♯VALUE!"。如果 Probability < 0 或 Probability > 1，则返回错误值"♯NUM!"。Deg_Freedom1 或 Deg_Freedom2 如果不是整数，则将被截尾取整。

数学表达式：F. INV. RT$(P, n, m) = x$，则 F. DIST. RT$(x, n, m) = P\{X, x\}$，其中 $X \sim F(n, m)$。

例如：F. INV. RT(0.78634, 6, 4) = 0.5；F. INV. RT (1, 10, 5) = 0。

（4）F. INV 函数

功能：返回 F 分布函数的反函数值。

命令格式：F. INV (Probability, Deg_Freedom1, Deg_Freedom2)。

参数 Probability 是 F 分布的概率值；Deg_Freedom1 是分子自由度；Deg_Freedom2 是分母自由度。

数学表达式：F. INV$(P, n, m) = x$。则 F.DIST$(x, n, m, TRUE) = P\{X, x\}$，其中 $X \sim F(n, m)$。

例如：F. INV(0.21366, 6, 4) = 0.5；F. INV (0.5, 10, 6) = 1.047826。

2.16　有关计算统计量的函数

1. 求和

(1) SUM 函数

功能:用于数值求和,可以将单个值、单元格引用或单元格区域相加,或者将三者的组合相加。

命令格式:SUM (Number1, [Number2],…)。

参数 Number1 是必选参数,表示要相加的第一个数字,该参数可以是数字或 Excel 中 A1 之类的单元格引用或 A2:A8 之类的单元格区域;Number2 是可选项,表示要相加的第二个参数。如果参数为数组或引用,则只有其中的数字被计算。数组或引用中的空白单元格、逻辑值、文本将被忽略。如果参数为错误值或不能转换成数字的文本,将会导致错误。

例如:SUM(3, 2)=5;SUM("3", 2, TRUE)=6。如果单元格区域 A2:E2 包含 5,15,30,40 和 50,则 SUM(A2:C2)=50;SUM(B2:E2, 15)=150。

(2) SUMIF 函数

功能:可以对符合指定条件的值求和,用法是根据指定条件对若干个单元格、单元格区域或单元格引用求和。

命令格式:SUMIF (Range, Criteria, [Sum_Range])。

参数 Range 为条件区域,用于条件判断的单元格区域;Criteria 用于确定哪些单元格将被相加求和的条件,其形式可以为数字、文本、表达式或单元格内容;Sum _Range 为可选项实际,表示求和区域,即需要求和的单元格、区域或引用,如果省略,则使用 Range。

例如,如图 2.12 所示,在单元格 C2 中输入"=SUMIF(A2:A11,"上海",B2:B11)",可以求上海所对应数值的和,而在单元格 C3 中输入"=SUMIF(B2:B11, "<500")",可以求数值小于 500 的和。

	A	B	C	D
1	地区	数值	公式	计算结果
2	江西	123	SUM(B2:B11)	4796
3	上海	231	SUMIF(A2:A11,"上海",B2:B11)	1306
4	河北	912	SUMIF(B2:B11,"<500")	1731
5	上海	432	SUMIFS(B2:B11,A2:A11,"上海",B2:B11,"<500")	663
6	陕西	878	AVERAGEIF(A2:A11,"上海",B2B11)	479.6
7	湖北	435	AVERAGEIF(A2:A11,"上海",B2:B11)	435.3333333
8	湖南	278	AVERAGEIF(B2:B11,"<500")	288.5
9	天津	632	AVERAGEIFS(B2:B11,A2:A11,"上海",B2:B11,"<500")	331.5
10	上海	643	AVERAGEA(B2:B3,B10:B11)	307.25
11	北京	232		

图 2.12　求和及平均值

（3）SUMIFS 函数

功能：可快速对多条件单元格求和。SUMIFS 函数的功能十分强大，可以通过不同范围的条件求规定范围的和。

命令格式：SUMIFS（Sum_Range，Criteria_Range1，Criteria1，[Criteria_Range2，Criteria2]，…）。

参数 Sum_range 是要求和的单元格区域。Criteria_Range1 和 Criterial 设置用于搜索某个区域是否符合特定条件的搜索对。一旦在该区域中找到了项，就计算 sum_Range 中相应值的和。其中 Criteria_Rangel 是使用 Criteria 测试的区域，Criterial 是定义将计算 Criteria_Rangel 中的哪些单元格的和的条件。

例如，如图 2.12 所示，若要求上海地区所对应数值小于 500 的数值和，在单元格 C5 中输入"＝SUMIFS(B2:B11,A2:A11,"上海",B2:B11,"<500")"即可。

（4）SUMSQ 函数

功能：返回参数的平方和。

命令格式：SUMSQ（Number1，[Number2]，…）。

参数 Number1 是必选参数，表示要相加的第一个参数，该参数可以是数字或 Excel 中 A1 之类的单元格引用或 A2:A8 之类的单元格区域；Number2 是可选项，表示要相加的第二个参数。参数可以是数字或者包含数字的名称、数组或引用。在参数列表中直接键入的数字、逻辑值和数字的文字表示等参数均为有效参数。如果参数是一个数组或引用，则只计算其中的数字，其中的空白单元格、逻辑值、文本或错误值将被忽略。如果参数为错误值或不能转换为数字的文本，将会导致错误。

例如：SUMSQ(3，4)＝25；SUMSQ("3"，2，TRUE)＝14。如果单元格区域 A2：

E2 包含中 5,15,30,40 和 50,则 SUMSQ(A2:C2) = 1150, SUMSQ(B2:E2,15) = 5450。

（5）SUMXMY2 函数

功能：返回两数组中对应数值之差的平方和。

命令格式：SUMXMY2(Array_x, Array_y)。

参数 Array_x 是第一个数组或数值区域；Array_y 是第二个数组或数值区域。如果 Array_x 和 Array_y 的元素数目不同,则将返回错误值"♯N/A"。

数学表达式：$\text{SUMXMY2}(\{x_1,x_2,\cdots,x_n\},\{y_1,y_2,\cdots,y_n\}) = \sum_{i=1}^{n}(x_i - y_i)^2$。

（6）SUMX2MY2 函数

功能：返回两数组中对应数值的平方差之和。

命令格式：SUMX2MY2(Array_x, Array_y)。

参数 Array_x 是第一个数组或数值区域；Array_y 是第二个数组或数值区域。如果 Array_x 和 Array_y 的元素数目不同,则将返回错误值"♯N/A"。

数学表达式：$\text{SUMX2MY2}(\{x_1,x_2,\cdots,x_n\},\{y_1,y_2,\cdots,y_n\}) = \sum_{i=1}^{n}(x_i^2 - y_i^2)$。

（7）SUMX2PY2 函数

功能：返回两数组中对应值的平方和之和。

命令格式：SUMX2PY2(Array_x, Array_y)。

参数 Array_x 是第一个数组或数值区域；Array_y 是第二个数组或数值区域。如果 Array_x 和 Array_y 的元素数目不同,将返回错误值"♯N/A"。

数学表达式：$\text{SUMX2PY2}(\{x_1,x_2,\cdots,x_n\},\{y_1,y_2,\cdots,y_n\}) = \sum_{i=1}^{n}(x_i^2 + y_i^2)$。

2. 求平均值（数学期望）

（1）AVERAGE 函数

功能：返回参数的平均值（算术平均值）。

命令格式：AVERAGE(Number1, [Number2],…)。

参数 Number1 是要计算平均值的第一个参数,该参数可以是数字、单元格引用或单元格区域；Number2 是可选项,表示要计算平均值的其他数字、单元格引用或单元格区域。参数可以是数字或者包含数字的名称、单元格区域或单元格引用。直接键入参数列表中的数字的逻辑值和文本表示不会计算在内。如果单元格区域或单元格引用参数包含文本、逻辑值或空单元格,则这些值将被忽略,但包含零值的单元格将被计算在内。

数学表达式:$AVERAGE(x_1, x_2, \cdots, x_n) = \overline{X} = \dfrac{1}{n}\sum_{i=1}^{n} x_i$。

例如,如果单元格区域 A1:E1 包含 5,15,30,40 和 50,则 AVERAGE(A1:C1)=28,AVERAGE(A1:E1, 22)=27。

(2) AVERAGEIF 函数

功能:返回某个区域内满足给定条件的所有单元格的平均值(算术平均值)。

命令格式:AVERAGEIF (Range, Criteria, [Average_Range])。

参数 Range 是要计算平均值的一个或多个单元格,其中包含数字或包含数字的名称、数组或引用;Criteria 是形式为数字、表达式、单元格引用或文本的条件,用来定义将计算平均值的单元格;Average_Range 是可选项,计算平均值的实际单元格组,如果省略,则使用 Range。

例如,如图 2.12 所示,在单元格 C6 中输入"=AVERAGEIF(A2:A11,"上海",B2:B11)",可以求上海地区所对应数值的平均值;在单元格 C7 中输入"=AVERAGEIF(B2:B11,"<500")",可以求数值小于 500 的平均值。

(3) AVERAGEIFS 函数

功能:可快速求多条件单元格的平均值(算术平均值)。

命令格式:AVERAGEIFS (Sum_Range, Criteria_Range1, Criteria1, [Criteria_Range2, Criteria2],…)。

参数 Sum_range 是要计算平均值的一个或多个单元格。Criteria_Range1 和 Criteria1 设置用于搜索某个区域是否符合特定条件的搜索对。一旦在该区域中找到了项,就计算 sum_Range 中相应值的平均值。其中 Criteria_Range1 是使用 Criteria 测试的区域,Criteria1 是定义将计算 Criteria_Range1 中的哪些单元格的平均值的条件。

例如,如图 2.12 所示,若要求上海所对应且数值小于 500 的数值的平均值,在单元格 C6 中输入"=AVERAGEIFS(B2:B11, A2:A11,"上海", B2:B11,"<500")",即可。

(4) AVERAGEA 函数

功能:计算参数列表中数值的平均值(算术平均值)。

命令格式:AVERAGEA (Value1, [Value2],…)。

参数 Value1 是必需的,[Value2],…是可选项。参数可以是数值,包含数值的名称、数组或引用,数字的文本表示或者引用中的逻辑值。逻辑值和直接键入参数列表中代表数字的文本被计算在内。包含 TRUE 的参数作为 1 计算;包含 FALSE 的参数作为 0 计算;包含文本的数组或引用的参数作为 0 计算;空文本("")作为 0 计算。如果参数为数组或引用,则只使用其中的数值,而其中的空白单元格和文本值将被忽略。如果参数为错误值或不能转换为数字的文本,将会导致错误。

3. 数据个数统计

(1) COUNT 函数

功能:计算给定数据集合或者单元格区域中包含数字的单元格的个数。

命令格式:COUNT(Value1,[Value2],…)。

参数 Value1 是要计算其中数字个数的第一项、单元格引用或单元格区域;Value2,…是可选项,表示要计算其中数字个数的其他项、单元格引用或单元格区域。

(2) COUNTIF 函数

功能:计算给定数据集合或者单元格区域中满足某个条件的单元格数量。

命令格式:COUNTIF(Range,Criteria)。

参数 Range 是条件区域,即对单元格进行计数的区域;Criteria 是条件,形式可以是数字、表达式或文本,甚至可以使用通配符。

(3) COUNTA 函数

功能:计算范围中不为空的单元格个数。

命令格式:COUNTA(Value1,[Value2],…)。

参数 Value1 是要计算其中非空单元格个数的第一项、单元格引用或单元格区域;Value2,…是可选项,表示要计算其中非空单元格个数的其他项、单元格引用或单元格区域。

(4) COUNT BLANK 函数

功能:计算范围中不为空的单元格个数。

命令格式:COUNT BLANK (Range)。

参数 Range 为需要计算其中空白单元格个数的区域。

(5) COUNTIFS 函数

功能:将条件应用于跨多个区域的单元格,然后统计满足所有条件的次数。

命令格式:COUNTIFS (Criteria_Range1, Criteria1, [Criteria_Range2, Criteria2],…)。

参数 Criteria_Range1 是计算关联条件的第一个区域;Criteria1t1 是条件,形式为数字、表达式、单元格引用或文本,定义了要计数的单元格区域;Criteria_Range2,Criteria2,…是可选项,用于确定附加的区域及其关联条件。

图 2.13 列出上面 5 个函数有关的示例。

	A	B	C	D	E
1	地区	数值		公式	计算结果
2	江西	123		COUNT(B2:B24)	11
3	上海	231		COUNTIF(B2:B24,">500")	5
4	河北			COUNTA(B2:B24)	13
5	上海	432		COUNTBLANK(B2:B12)	10
6	陕西			COUNTIFS(B2:B24,">500",A2:A24,"上海")	2
7	湖北	435			
8	湖南				
9	天津	Student			
10	上海				
11	北京				
12	河北	643			
13	上海				
14	上海	632			
15	陕西				
16	湖北	232			
17	湖南				
18	天津	TRUE			
19	北京				
20	河北				
21	天津	912			
22	上海	712			
23	河北	878			
24	新疆	278			

图 2.13 对数据个数进行统计

(6) FREQUENCY 函数

功能:计算值在某个范围内出现的频率,然后返回一个垂直的数字数组。

命令格式:FREQUENCY (Data_Array, Bins_Array)。

参数 Data_Array 是要对其频率进行计数的一组数值或对这组数值的引用。如果 Data_Array 中不包含任何数值,则返回一个零数组。Bins_Array 是要将 Data_Array 中的值插入到的间隔数组或对间隔的引用。如果 Bins_Array 中不包含任何数值,则返回 Data_Array 中的元素个数。

例如,图 2.14 所示为统计分数在各个分数段内的频率:选中单元格区域 C2:C6 并输入"=FREQUENCY(A2:A10,B2:B6)",同时按"Ctrl+Shift+Enter"键,就可得到图 2.14 所示的结果。

	A	B	C
1	分数	分数段	频率
2	79	59	0
3	85	69	1
4	78	79	4
5	71	89	3
6	65	100	1
7	81		
8	70		
9	88		
10	97		

图 2.14　频率的计算

4. 方差

（1）VAR. S（或 VAR）函数

功能：基于样本估算并返回方差。

命令格式：VAR(Number1，[Number2]，…)。

参数 Number1 对应于总体样本的第一个数值参数；Number2，…是可选项，对应于总体样本的 2 到 255 个数值参数。参数可以是数字或者包含数字的名称、数组或引用。逻辑值和直接键入参数列表中代表数字的文本被计算在内。如果参数是一个数组或引用，则只计算其中的数字，其中的空白单元格、逻辑值、文本或错误值将被忽略。

数学表达式：$\text{VAR. S}(x_1, x_2, \cdots, x_n) = \dfrac{1}{n-1}\sum_{i=1}^{n}(x_i - \overline{X})^2$，其中 $\overline{X} = \dfrac{1}{n}\sum_{i=1}^{n}x_i$。

（2）VARA 函数

功能：基于样本估算并返回方差。

命令格式：VAR(Number1，[Number2]，…)。

参数 Number1 对应于总体样本的第一个数值参数；Number2，…是可选项，对应于总体样本的 2 到 255 个数值参数。参数可以是数值，包含数值的名称、数组或引用，数字的文本表示，或者引用中的逻辑值。逻辑值和直接键入参数列表中代表数字的文本被计算在内。包含 TRUE 的参数作为 1 来计算；包含文本或 FALSE 的参数作为 0 来计算。如果参数为数组或引用，则只使用其中的数值，而其中的空白单元格和文本值将被忽略。

（3）VAR. P（或 VARP）函数

功能：计算基于整个样本总体的方差（忽略样本总体中的逻辑值和文本）。

命令格式：VAR. P（Number1，[Number2]，…）。

参数 Number1 对应于总体样本的第一个数值参数；Number2，…是可选项，对应于总体样本的 2 到 255 个数值参数。参数可以是数字或者包含数字的名称、数组或引用。逻辑值和直接键入参数列表中代表数字的文本被计算在内。如果参数是一个数组或引用，则只计算其中的数字，其中的空白单元格、逻辑值、文本或错误值将被忽略。

数学表达式：$VAR.P(x_1, x_2, \cdots, x_n) = \dfrac{1}{n} \sum\limits_{i=1}^{n} (x_i - \overline{X})^2$，其中 $\overline{X} = \dfrac{1}{n} \sum\limits_{i=1}^{n} x_i$。

（4）VARPA 函数

功能：根据整个总体计算方差。

命令格式：VARPA（Number1，[Number2]，…）。

参数 Number1 对应于总体样本的第一个数值参数；Number2，…是可选项，对应于总体样本的 2 到 255 个数值参数。参数可以是数值，包含数值的名称、数组或引用，数字的文本表示或者引用中的逻辑值。逻辑值和直接键入参数列表中代表数字的文本被计算在内。包含 TRUE 的参数作为 1 来计算；包含文本或 FALSE 的参数作为 0 来计算。如果参数为数组或引用，则只使用其中的数值，其中的空白单元格和文本值将被忽略。

图 2.15 列出上面有关方差函数的示例。

	A	B	C	D	E
1	月份	产品	销售量	公式	计算结果
2	1月	A	290	VAR.S(C1:C15)	62289.51515
3	2月	B	517	VAR(C1:C15)	62289.51515
4	3月	C	850	VARA(C1:C15)	112173.8857
5	4月	D	484		
6	5月	E	856	VAR.P(C1:C15)	57098.72222
7	6月	F	784	VARP(C1:C15)	57098.72222
8	7月	G	777	VARPA(C1:C15)	104695.6267
9	8月	H	869		
10	9月	I	865		
11	10月	J	442		
12	11月	K	243		
13	12月	L	315		
14			TRUE		
15			FALSE		

图 2.15　方差函数

5. 标准差

(1) STDEV. S(或 STDEV)函数

功能:基于样本估算标准偏差(忽略样本中的逻辑值和文本)。

命令格式:STDEV. S(Number1,[Number2],…)。

参数 Number1 对应于总体样本的第一个数值参数,可以用单一数组或对某个数组的引用来代替用逗号分隔的参数;Number2,…是可选项,对应于总体样本的 2 到 255 个数值参数,它们可以用单一数组或对某个数组的引用来代替用逗号分隔的参数。

数学表达式:$\mathrm{STDEV. S}(x_1, x_2, \cdots, x_n) = \sqrt{\dfrac{1}{n-1} \sum\limits_{i=1}^{n} (x_i - \overline{X})^2}$,其中 $\overline{X} = \dfrac{1}{n} \sum\limits_{i=1}^{n} x_i$。

(2) STDEVA(或 STDEVP)函数

功能:STDEVA(或 STDEVP)函数根据样本估计标准偏差。

命令格式:STDEVA (Number1, [Number2],…)。

参数 Number1 对应于总体样本的第一个数值参数;Number2,…是可选项,对应于总体样本的 2 到 255 个数值参数,它们可以用单一数组或对某个数组的引用来代替用逗号分隔的参数。

(3) STDEV. P 函数

功能:STDEV. P 函数计算基于以参数形式给出的整个样本总体的标准偏差(忽略逻辑值和文本)。

命令格式:STDEV. P(Number1, [Number2],…)。

参数 Number1 对应于总体样本的第一个数值参数;Number2,…是可选项,对应于总体样本的 2 到 255 个数值参数,它们可以用单一数组或对某个数组的引用来代替用逗号分隔的参数。

数学表达式:$\mathrm{STDEV. P}(x_1, x_2, \cdots, x_n) = \sqrt{\dfrac{1}{n} \sum\limits_{i=1}^{n} (x_i - \overline{X})^2}$,其中 $\overline{X} = \dfrac{1}{n} \sum\limits_{i=1}^{n} x_i$。

(4) STDEVPA 函数

功能:根据给定的参数(包括文字和逻辑值计算整个总体的准偏差)。

命令格式:STDEVPA (Number1, [Number2],…)。

参数 Number1 对应于总体样本的第一个数值参数；Number2，…是可选项，对应于总体样本的 2 到 255 个数值参数，它们可以用单一数组或对某个数组的引用来代替用逗号分隔的参数。

图 2.16 列出上面有关标准差函数的示例。

	A	B	C	D	E
1	月份	产品	销售量	公式	计算结果
2	1月	A	290	STDEV.S(C1:C15)	249.5786753
3	2月	B	517	STDEV(C1:C15)	249.5786753
4	3月	C	850	STDEVA(C1:C15)	334.9237013
5	4月	D	484		
6	5月	E	856	STDEV.P(C1:C15)	238.9533892
7	6月	F	784	STDEVP(C1:C15)	238.9533892
8	7月	G	777	STDEVPA(C1:C15)	323.5670358
9	8月	H	869		
10	9月	I	865		
11	10月	J	442		
12	11月	K	243		
13	12月	L	315		
14			TRUE		
15			FALSE		

图 2.16 标准差函数

6. 相关系数

下面介绍 CORREL 函数。

功能：返回两个单元格区域的相关系数。使用相关系数确定两个属性之间的关系。

命令格式：CORREL(Array_1，Array_2)。

参数 Array_1 为单元格值的第一个区域；Array_2 为单元格值的第二个区域。如果数组或引用参数包含文本、逻辑值或空单元格，则这些值将被忽略。如果 Array_1 和 Array_2 具有不同数量的数据点，则返回错误值"♯N/A"。如果 Array_1 和 Array_2 为空或者其值的标准偏差等于 0，则返回错误值"♯DIV/0!"。

数学表达式：

$$CORREL(X,Y) = \frac{\sum (x_i - \overline{x})(y_i - \overline{y})}{\sqrt{\sum (x_i - \overline{x})^2 \sum (y_i - \overline{y})^2}}。$$

其中 $\overline{x}$ 和 $\overline{y}$ 是随机变量 X 与 Y 的样本平均值。

例如，对于图 2.17 所示的数据，在单元格 B8 中输入"=CORREL(A2:A6，B2:B6)"就可得到这些数据的相关性系数。

	A	B
1	*X*	*Y*
2	3	9
3	2	7
4	4	12
5	5	15
6	6	17
7	公式	CORREL(A2:A6,B2:B6)
8	结果	0.997054486

图 2.17　相关系数计算

第 3 章　用 Excel 绘制函数图像

3.1　绘制一元函数的图像

1. 在一个直角坐标系内画一个函数图像的方法

用一个实例来说明如何在一个直角坐标系内画一个函数图像。

例 3.1　画出函数 $y=x^2$ 在区间$[-2,2]$内的图像。

第一步,用 Excel 的填充或自动填充功能在单元格区域 A2:A42 内输入自变量 x 的值,数值之间的间隔为"0.1",如图 3.1 所示。

第二步,在单元格 B2 内输入公式"$=A2^2$",然后把鼠标指针移动到单元格 B2 的右下角,将鼠标指针变成"**+**"符号时按住鼠标左键向下方拖动直至单元格 B42 为止,此时松开左键,即完成每一个自变量值对应因变量 y 的计算,如图 3.1 所示。

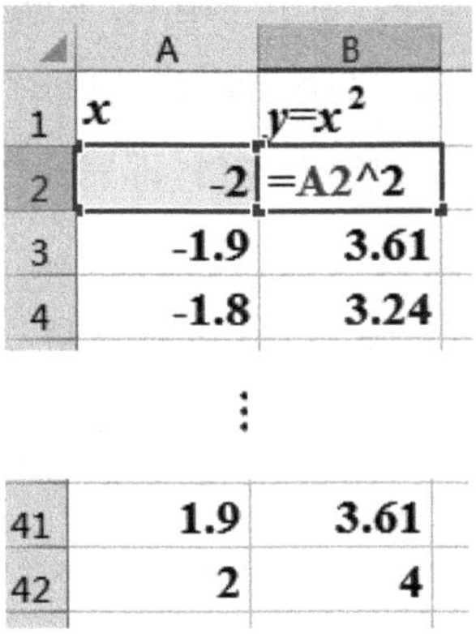

	A	B
1	x	$y=x^2$
2	-2	=A2^2
3	-1.9	3.61
4	-1.8	3.24
	⋮	
41	1.9	3.61
42	2	4

图 3.1　数据的输入

第三步,选中单元格区域 A2:B42,依次单击"插入"、图表下拉按钮、"更多散点图(M)...",选择"XY(散点图)→带平滑线的散点图",单击"确定"按钮,就得到函数 $y=x^2$ 在区间[−2,2]内的图像。

如果对图像的显示效果不满意,可以选中目标,利用右键或菜单选项修改字体的格式、图像的类型、线条的粗细、填充图形的颜色、坐标轴的刻度、网格线的格式、数据点的增添与分布等属性,完全可以得到令人满意的效果,如图 3.2 所示。

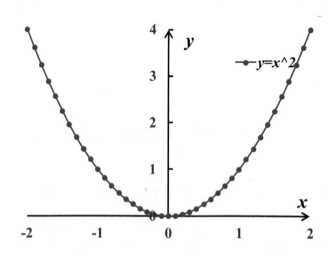

图 3.2　$y=x^2$ 在区间[−2,2]内的图像

2. 在一个直角坐标系内画多个函数图像

例 3.2　在同一个直角坐标系内绘制函数 $y=x^2$ 和 $y=x^4$ 在区间[−2,2]内的图像。

第一步,在例 3.1 的工作表内,在单元格 C2 内输入公式"＝A2^4",然后把鼠标指针移动到单元格 C2 的右下角,当鼠标指针变成"**＋**"符号时按住鼠标左键并向下方拖动直至单元格 C42 为止,此时松开左键,即完成每一个自变量值对应的因变量 y 的计算。

第二步,选中例 3.1 所画的图像,单击右键,选择"选择数据"(如图 3.3 所示),此时会弹出"选择数据源"对话框(如图 3.4 所示),再单击"添加"按钮,弹出"编辑数据系列"对话框后(如图 3.5 所示),在系列名称内填"y＝x^4",在 X 轴系列值内选择填"＝Sheet1!＄A＄2:＄A＄42",在 Y 轴系列值内选择填"＝Sheet1!＄C＄2:＄C＄42",单击"确定"按钮,得到图 3.6 所示的图。

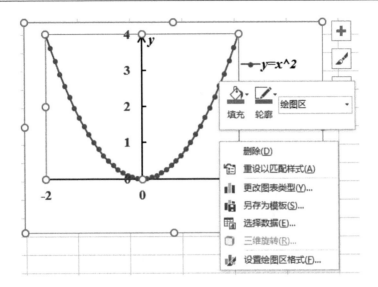

图 3.3　选择"选择数据"

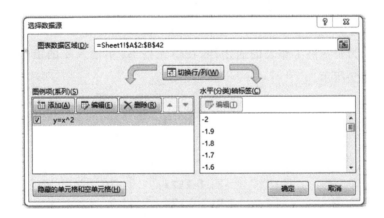

图 3.4　"选择数据源"对话框

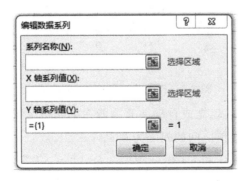

图 3.5　"编辑数据系列"对话框

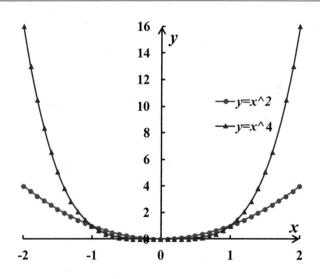

图 3.6　函数 $y=x^2$ 和 $y=x^4$ 在区间$[-2,2]$上的图像

例 3.3　在一个直角坐标系内画出指数函数 $y=a^x$ 及其反函数对数函数 $y=\log_a x$ 的图像。

第一步,为了提高工作表的通用性,在单元格 B1 中输入 a 的值(在这里输入"3"),如图 3.7 所示。

	A	B	C
1	α	3	
2			
3	x	$α^x$	$\log_α x$
4	-2	0.1111	-2
5	-1.9	0.124	-1.9
		⋮	
42	1.8	7.2247	1.8
43	1.9	8.0636	1.9
44	2	9	2

图 3.7　指数函数及对数函数的值

第二步,用 Excel 的填充或自动填充功能在单元格区域 A4:A44 内输入自变量 x 的值(-2 到 2),数值之间的间隔为 0.1。

第三步,在单元格 B4 和 C4 内分别输入公式"=＄B＄1^A4"和"=LOG(B4, ＄B＄1)",选中单元格 B4 和 C4,然后把鼠标指针移动到单元格 C4 的右下角,当鼠标指针变成"＋"符号时按住鼠标左键向下方拖动到单元格 C44,此时松开左键,即完成指数函数及对数函数的值计算,如图 3.7 所示。

第四步,在一个直角坐标系内画出函数 $y=a^x$、$y=\log_a x$ 和 $y=x$ 的图像,如图 3.8 所示。

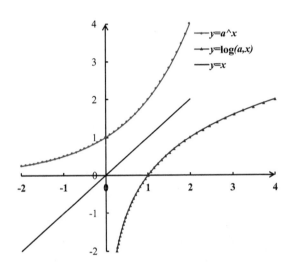

图 3.8　指数函数及对数函数的图像

在这个工作簿中,改变 a 的值(单元格 B1 的值)就可以得到相应值对应的指数函数和对数函数的图像,这具有通用性。例如,如果 B1 的值改为 0.5 就得到当 $a=0.5$ 时对应的指数函数和对数函数的图像,如图 3.9 所示。

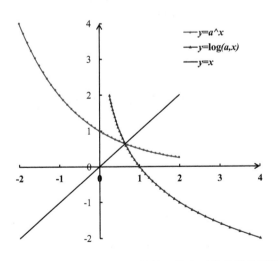

图 3.9　当 $a=0.5$ 时对应的指数函数和对数函数的图像

例 3.4 在同一个直角坐标系内绘制函数 $y = \sin x$ 与 $y = A\sin(\omega x + \varphi)$ 的对比图。

第一步，为了提高工作表的通用性，先输入参数 A、ω 和 φ 的值。如图 3.10 所示，在单元格 A2,B2 和 C2 中分别输入"2""2"和"90"。

	A	B	C
1	*A*	*ω*	*φ*
2	2	2	90

图 3.10　参数的输入

第二步，用 Excel 的填充或自动填充功能在单元格区域 A5：A41 内输入自变量 x 的值（$-180°$ 到 $180°$），数值之间的间隔为"10°"。

第三步，在单元格 B5 和 C5 内分别输入公式"$= \mathrm{SIN}(\mathrm{A5} * \mathrm{PI}()/180)$"和"$= \$\mathrm{A}\$2 * \mathrm{SIN}((\$\mathrm{B}\$2 * \mathrm{A5} + \$\mathrm{C}\$2) * \mathrm{PI}()/180)$"，选中单元格 B5 和 C5，然后把鼠标指针移动到单元格 C4 的右下角，当鼠标指针变成"**+**"符号时按住鼠标左键向下方拖动直至单元格 C41 为止，此时松开左键，即完成相应函数值的计算，如图 3.11 所示。

	A	B	C
1	*A*	*ω*	*φ*
2	2	2	90
3			
4	*x*	*y*=sin *x*	*y*=*A*sin *ωx*+*φ*
5	-180	0.0000000	2.0000000
6	-170	-0.1736482	1.8793852
		⋮	
39	160	0.3420201	1.5320889
40	170	0.1736482	1.8793852
41	180	0.0000000	2.0000000

图 3.11　参数和数据的输入

第四步，在一个直角坐标系内画出函数 $y = \sin x$ 与 $y = A\sin(\omega x + \varphi)$ 的图像，如图 3.12 所示。

在这个工作表中，改变单元格中的参数 A、ω 和 φ 的值就可以得到相应值对应的图像，这具有通用性。例如，如果单元格 A2,B2 和 C2 的值分别改为 1、1.5 和 45，则就得到 $A=1$，$\omega=1.5$ 和 $\varphi=45°$ 时的正弦函数图像，如图 3.13 所示。通过这

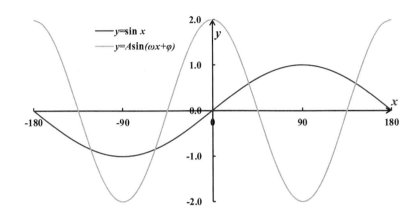

图 3.12　$y=\sin x$ 和 $y=A\sin(\omega x+\varphi)$ 的图像

个工作表模板中任意改变每一个参数,能直观、快速、准确、灵活地观察到每一个参数对函数图像的影响。

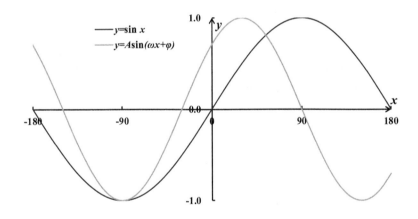

图 3.13　$y=\sin x$ 的图像和 $A=1,\omega=1.5$ 和 $\varphi=45°$ 时的 $y=A\sin(\omega x+\varphi)$ 图像

3. 绘制参数方程确定的函数的图像

例 3.5　用椭圆的参数方程 $\begin{cases} x=a\cos t, \\ y=b\sin t, \end{cases} 0\leqslant t\leqslant 2\pi$,绘制椭圆的图像。

第一步,为了提高工作表的通用性,先在单元格区域 A2 和 B2 中分别输入椭圆的长半轴 a 的值和短半轴 b 的值(本书中先输入"5"和"4")。

第二步,在单元格 A5 和 A6 中分别输入"0""10",将单元格 A5 和 A6 同时选中,把鼠标指针移动到单元格 A6 的右下角,待鼠标指针变为填充柄("＋"符号)时,按住鼠标左键向下拖动到单元格 A41,将单元格区域 A7:A41 自动填充。

第三步,在单元格 B5 和 C5 中,用椭圆的参数方程分别输入计算 x 值的表达式 "＝＄A＄2＊COS(A5＊PI()/180)"和计算 y 值的表达式"＝＄B＄2＊SIN(A5＊PI()/180)"。选中单元格区域 B5:C5,把鼠标指针移动到单元格 C5 的右下角,待鼠标指针变为填充柄("＋"符号)时,按住鼠标左键向下拖动到单元格 C41,得到图 3.14 所示的数据。

◢	A	B	C
1	*a*	*b*	
2	5	4	
3			
4	*t*	*x*	*y*
5	0	5	0
6	10	4.924	0.6946
	⋮		
40	350	4.924	-0.695
41	360	5	-1E-15

图 3.14　椭圆的数据

第四步,选中单元格区域 B5:C41,依次单击"插入"、图表下拉按钮、"更多散点图(M)...",选择"XY(散点图)→带平滑线的散点图",单击"确定"按钮,就得到椭圆的图像,如图 3.15 所示。

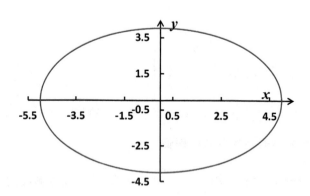

图 3.15　椭圆的图像

4. 绘制分段函数确定的函数的图像

例 3.6　绘制分段函数 $f(x)=\begin{cases} x^2(x-1), & x\geqslant 0, \\ -x^2(x+1), & x<0 \end{cases}$ 在区间[−2,2]内的图像。

第一步,用填充或自动填充功能在单元格区域 A2:A42 内输入-2到 2,数值之间的间隔设为 0.1,如图 3.16 所示。

第二步,用分段函数表达式在单元格 B2 中输入"$=$IF(A2$>=$0,POWER(A2,2)$*$(A2-1),$-$POWER(A2,2)$*$(A2$+1$))"。选中单元格 B2,把鼠标指针移动到单元格 B2 的右下角,待鼠标指针变为填充柄("$+$"符号)时,按住鼠标左键向下拖动到单元格 B42,完成分段函数数据的计算,如图 3.16 所示。

SUM	▼	⋮	✕	✓	*fx*	=IF(A3>=0,POWER(A3,2)*(A3-1),-POWER(A3,2)*(A3+1))	
⊿	A			B			C
1	*x*			*y*			
2	-2			4			
3	-1.9	=IF(A3>=0,POWER(A3,2)*(A3-1),-POWER(A3,2)*(A3+1))					
4	-1.8			2.592			
				⋮			
41	1.9			3.249			
42	2			4			

图 3.16 分段函数数据计算表达式

第三步,选中单元格区域 A2:B42,依次单击"插入"、图表下拉按钮、"更多散点图(M)...",选择"XY(散点图)→带平滑线的散点图",单击"确定"按钮,就得到分段函数的图像,如图 3.17 所示。

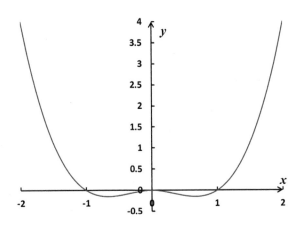

图 3.17 分段函数图像

3.2　绘制二元函数的图像

例 3.7　绘制抛物面 $z=x^2+y^2$ 的三维曲面图。

此处自变量 x 和 y 的取值范围为 $[-1,1]$，每隔 0.1 取一个点。

第一步，将单元格区域 A1：A21 合并为一个单元格，并输入"自变量 y"，在单元格 B1、B2 中分别输入"-1""-0.9"，将单元格 B1、B2 同时选中，把鼠标指针移动到单元格 B2 的右下角，待鼠标指针变为填充柄（"＋"符号）时，按住鼠标左键向下拖动到单元格 B21，完成单元格区域 B3：B21 的自动填充。单元格区域 C23：W23 合并为一个单元格输入"自变量 x"，同样的方法将单元格区域 C22：W22 自动填充。

第二步，在单元格 C1 中输入函数 $z=x^2+y^2$ 的计算公式"＝\$B1^2+C\$22^2"，注意其中单元格 B1 对应自变量 y，其应用列绝对引用，行相对引用。单元格 C22 对应自变量 x，其应用行绝对引用，列相对引用。

第三步，完成在单元格 C1 的输入后，将单元格 C1 选中，把鼠标指针移动到单元格 C1 的右下角，待鼠标指针变为填充柄（"＋"符号）时，按住鼠标左键向右拖动到单元格 W1，完成单元格区域 D1：W1 的自动填充。选中单元格区域 C1：W1，鼠标箭头移动到单元格 W1 的右下角，待鼠标指针变为填充柄（"＋"符号）时，按住鼠标左键向下拖动到单元格 W21，完成单元格区域 C2：W21 的自动填充，如图 3.18 所示。

	A	B	C	D	E	F	G	H	I	J	K	L	M	N	O	P	Q	R	S	T	U	V	W
1		-1	2	1.81	1.64	1.49	1.36	1.25	1.16	1.09	1.04	1.01	1	1.01	1.04	1.09	1.16	1.25	1.36	1.49	1.64	1.81	2
2		-0.9	1.81	1.62	1.45	1.3	1.17	1.06	0.97	0.9	0.85	0.82	0.81	0.82	0.85	0.9	0.97	1.06	1.17	1.3	1.45	1.62	1.81
3		-0.8	1.64	1.45	1.28	1.13	1	0.89	0.8	0.73	0.68	0.65	0.64	0.65	0.68	0.73	0.8	0.89	1	1.13	1.28	1.45	1.64
4		-0.7	1.49	1.3	1.13	0.98	0.85	0.74	0.65	0.58	0.53	0.5	0.49	0.5	0.53	0.58	0.65	0.74	0.85	0.98	1.13	1.3	1.49
5		-0.6	1.36	1.17	1	0.85	0.72	0.61	0.52	0.45	0.4	0.37	0.36	0.37	0.4	0.45	0.52	0.61	0.72	0.85	1	1.17	1.36
6		-0.5	1.25	1.06	0.89	0.74	0.61	0.5	0.41	0.34	0.29	0.26	0.25	0.26	0.29	0.34	0.41	0.5	0.61	0.74	0.89	1.06	1.25
7		-0.4	1.16	0.97	0.8	0.65	0.52	0.41	0.32	0.25	0.2	0.17	0.16	0.17	0.2	0.25	0.32	0.41	0.52	0.65	0.8	0.97	1.16
8		-0.3	1.09	0.9	0.73	0.58	0.45	0.34	0.25	0.18	0.13	0.1	0.09	0.1	0.13	0.18	0.25	0.34	0.45	0.58	0.73	0.9	1.09
9	自变量 y	-0.2	1.04	0.85	0.68	0.53	0.4	0.29	0.2	0.13	0.08	0.05	0.04	0.05	0.08	0.13	0.2	0.29	0.4	0.53	0.68	0.85	1.04
10		-0.1	1.01	0.82	0.65	0.5	0.37	0.26	0.17	0.1	0.05	0.02	0.01	0.02	0.05	0.1	0.17	0.26	0.37	0.5	0.65	0.82	1.01
11		0	1	0.81	0.64	0.49	0.36	0.25	0.16	0.09	0.04	0.01	0	0.01	0.04	0.09	0.16	0.25	0.36	0.49	0.64	0.81	1
12		0.1	1.01	0.82	0.65	0.5	0.37	0.26	0.17	0.1	0.05	0.02	0.01	0.02	0.05	0.1	0.17	0.26	0.37	0.5	0.65	0.82	1.01
13		0.2	1.04	0.85	0.68	0.53	0.4	0.29	0.2	0.13	0.08	0.05	0.04	0.05	0.08	0.13	0.2	0.29	0.4	0.53	0.68	0.85	1.04
14		0.3	1.09	0.9	0.73	0.58	0.45	0.34	0.25	0.18	0.13	0.1	0.09	0.1	0.13	0.18	0.25	0.34	0.45	0.58	0.73	0.9	1.09
15		0.4	1.16	0.97	0.8	0.65	0.52	0.41	0.32	0.25	0.2	0.17	0.16	0.17	0.2	0.25	0.32	0.41	0.52	0.65	0.8	0.97	1.16
16		0.5	1.25	1.06	0.89	0.74	0.61	0.5	0.41	0.34	0.29	0.26	0.25	0.26	0.29	0.34	0.41	0.5	0.61	0.74	0.89	1.06	1.25
17		0.6	1.36	1.17	1	0.85	0.72	0.61	0.52	0.45	0.4	0.37	0.36	0.37	0.4	0.45	0.52	0.61	0.72	0.85	1	1.17	1.36
18		0.7	1.49	1.3	1.13	0.98	0.85	0.74	0.65	0.58	0.53	0.5	0.49	0.5	0.53	0.58	0.65	0.74	0.85	0.98	1.13	1.3	1.49
19		0.8	1.64	1.45	1.28	1.13	1	0.89	0.8	0.73	0.68	0.65	0.64	0.65	0.68	0.73	0.8	0.89	1	1.13	1.28	1.45	1.64
20		0.9	1.81	1.62	1.45	1.3	1.17	1.06	0.97	0.9	0.85	0.82	0.81	0.82	0.85	0.9	0.97	1.06	1.17	1.3	1.45	1.62	1.81
21		1	2	1.81	1.64	1.49	1.36	1.25	1.16	1.09	1.04	1.01	1	1.01	1.04	1.09	1.16	1.25	1.36	1.49	1.64	1.81	2
22			-1	-0.9	-0.8	-0.7	-0.6	-0.5	-0.4	-0.3	-0.2	-0.1	0	0.1	0.2	0.3	0.4	0.5	0.6	0.7	0.8	0.9	1
23												自变量x											

图 3.18　二元函数的数据

第四步,选中单元格区域 C1：W21,依次单击"插入"、图表下拉按钮、"更多散点图(M)...","选择曲面图→三维曲面图",单击"确定"按钮,就得到函数 $z = x^2 + y^2$ 在区域 $[-1, 1] \times [-1, 1]$ 内的三维图像,如图 3.19 所示。

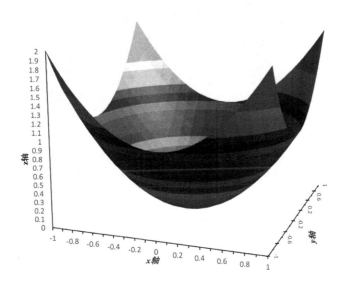

图 3.19　二元函数的三维图

选定图表,单击右键,选择"更改图标类型→三维曲面图(框架图)",可得到图 3.20 所示的二维函数的框架图。选择"更改图标类型→曲面图",可得到图 3.21 所示的二维函数的曲面图(云图)。

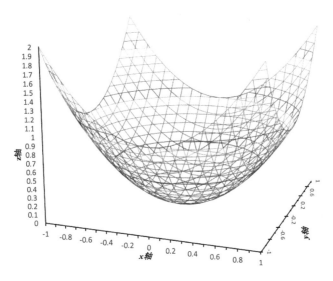

图 3.20　二维函数的框架图

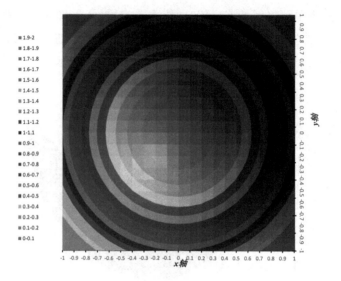

图 3.21　二维函数的曲面图（云图）

第4章 用 Excel 直观表示数学问题

4.1 研究一元二次函数的性质、确定一元二次方程及一元二次不等式的解

1. 一元二次函数

如果 $y=ax^2+bx+c$（a,b,c 是常数，$a\neq0$ 是常数），那么 y 叫作 x 的一元二次函数，其中，x 是自变量，a、b 和 c 分别是函数表达式的二次项系数、一次项系数和常数项。一般一元二次函数的定义域是全体实数。上述函数图像是以 $\left(-\dfrac{b}{2a},\dfrac{4ac-b^2}{4a}\right)$ 为顶点，以 $x=-\dfrac{b}{2a}$ 为对称轴的一条抛物线。

当 $a>0$ 时，函数图像开口向上，当 $x=-\dfrac{b}{2a}$ 时有最小值 $y=\dfrac{4ac-b^2}{4a}$，当 $x\in\left(-\infty,-\dfrac{b}{2a}\right]$ 时函数单调递减，当 $x\in\left[-\dfrac{b}{2a},+\infty\right)$ 时函数单调递增；当 $a<0$ 时，函数图像开口向下，当 $x=-\dfrac{b}{2a}$ 时有最大值 $y=\dfrac{4ac-b^2}{4a}$，当 $x\in\left(-\infty,-\dfrac{b}{2a}\right]$ 时函数单调递增，当 $x\in\left[-\dfrac{b}{2a},+\infty\right)$ 时函数单调递减。

2. 一元二次方程和一元二次不等式的解

一元二次函数 $y=ax^2+bx+c$ 中，当 $\Delta=b^2-4ac>0$ 时，函数图像与 x 轴有两个交点，方程 $ax^2+bx+c=0$ 有两个实根 $x=\dfrac{-b\pm\sqrt{b^2-4ac}}{2a}$。对不等式 $ax^2+bx+c>0$

而言，当 $a>0$ 时有 $x<x_1$ 或 $x>x_2$，当 $a<0$ 时有 $x_1<x<x_2$ $\left(x_1=\min\left(\frac{-b-\sqrt{b^2-4ac}}{2a},\frac{-b+\sqrt{b^2-4ac}}{2a}\right), x_2=\max\left(\frac{-b-\sqrt{b^2-4ac}}{2a},\frac{-b+\sqrt{b^2-4ac}}{2a}\right)\right)$；对不等式 $ax^2+bx+c<0$ 而言，当 $a>0$ 时有 $x_1<x<x_2$，当 $a<0$ 时有 $x<x_1$ 或 $x>x_2$。当 $\Delta=b^2-4ac<0$ 时，函数图像与 x 轴无交点，方程 $ax^2+bx+c=0$ 没有实根，而有一对共轭复数根 $x=-\frac{b}{2a}\pm\frac{\sqrt{4ac-b^2}}{2a}\mathrm{i}$。对不等式 $ax^2+bx+c>0$ 而言，当 $a>0$ 时有 $x\in\mathbf{R}$，当 $a<0$ 时无解；对不等式 $ax^2+bx+c<0$ 而言，当 $a>0$ 时无解，当 $a<0$ 时有 $x\in\mathbf{R}$。当 $\Delta=b^2-4ac=0$ 时，函数图像与 x 轴有一个切点，方程 $ax^2+bx+c=0$ 有两个相等的实根 $x=-\frac{b}{2a}$。

3. 模板的制作与设计

第一步，输入系数。在单元格区 B2、B3 和 B4 中输入二次项系数 a、一次项系数 b 和常数项 c（在这里暂时输入“1”“−2”和“−3”），如图 4.1 所示。

	A	B
1	**二次函数的系数**	
2	***a* =**	**1**
3	***b* =**	**-2**
4	***c* =**	**-3**

图 4.1　输入常数系数

第二步，计算顶点。用二次函数顶点确定公式，在单元格 D3 和 E3 中分别输入“=−B3/(2 * B2)”和“=−(B3^2−4 * B2 * B4)/(4 * B2)”，如图 4.2 所示。

第三步，计算二次函数在区间 $\left[-\frac{b}{2a}-3,-\frac{b}{2a}+3\right]$ 上点的坐标，如图 4.3 所示，在单元格 A8 和 B8 中分别输入“=D3−3”和“= $B$2 * A8^2+ $B$3 * A8+ $B$4”，在单元格 A9 和 B9 中分别输入“=A8+0.2”和“= $B$2 * A9^2+ $B$3 * A9+ $B$4”，选中单元格 A9 和 B9，把鼠标指针移动到单元格 B9 的右下角，待鼠标指针变为填充柄（“**+**”符号）时，按住鼠标左键向下拖动到单元格 B38，完成二次函数上点坐标的计算。

顶点坐标		对称轴上的两个点	
x	y	x	y
1	-4	1	-5
		1	6
$b^2-4ac=$	16		
$x_1=$	3		
$x_2=$	-1		
方程和不等式	方程和不等式的解		
$ax^2+bx+c=0$	x1=3 , x2=-1		
$ax^2+bx+c>0$	x >3 或 x < -1		
$ax^2+bx+c<0$	-1< x< 3		

图 4.2　二次函数有关的计算

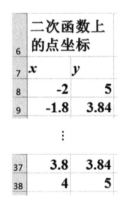

	二次函数上的点坐标	
7	x	y
8	-2	5
9	-1.8	3.84
	⋮	
37	3.8	3.84
38	4	5

图 4.3　二次函数上点的坐标

　　第四步,计算对称轴上的两个点。在单元格 F3 和 F4 中都输入"=D3",在单元格 G3 和 G4 中分别输入"=MIN(B8:B38)−1"和"=MAX(B8:B38)+1",如图 4.2 所示。

　　第五步,确定方程和不等式的解。在单元格 D5 和 E5 中分别输入"$b^2-4ac=$"和"=(B3)^2−4 * B2 * B4",在单元格 D6 和 D7 中分别输入"$x_1=$"和"$x_2=$",在单元格 E6 和 E7 中分别输入"=IF(E5>=0,ROUND((−B3+SQRT(E5))/(2 * B2),4),COMPLEX(ROUND(−B3/(2 * B2),4),ROUND(SQRT(−E5)/(2 * B2),4)))"和"=IF(E5>=0, ROUND((−B3−SQRT(E5))/(2 * B2),4), COM-

PLEX(ROUND($-$B3/(2 * B2),4),$-$ROUND(SQRT($-$E5)/(2 * B2),4)))"（在这里所有根保留小数点后的四位数,因此用 ROUND 函数),在单元格 D8、D9、D10 和 D11 中分别输入"方程和不等式""$ax^2+bx+c=0$""$ax^2+bx+c>0$"和"$ax^2+bx+c<0$",在单元格 E8、E9、E10 和 E11 中分别输入"方程和不等式的解""="x1="&E6&", x2="&E7""=IF(B2>0,IF(E5>0,"x > "&MAX(E6:E7)&" 或 x< "&MIN(E6:E7),"全体实数"),IF(E5>0,MIN(E6:E7)&" <x< "&MAX(E6:E7),"无解"))"和"=IF(B2>0,IF(E5>0,MIN(E6:E7)&"< x< "&MAX(E6:E7),"无解"),IF(E5>0,"x< "&MIN(E6:E7)&" 或 x >"&MAX(E6:E7),"全体实数"))"。

第六步,绘制图像。选中单元格区域 A8:B38,依次单击"插入"、图表下拉按钮、"更多散点图(M)...",选择"XY(散点图)→带平滑线的散点图",单击"确定"按钮,完成二次函数图像的绘制。选中刚绘制好的图像,单击右键,选择"选择数据",在弹出的"选择数据源"对话框中单击"添加"按钮,弹出"编辑数据系列"对话框后,在系列名称内填"对称轴",在 X 轴系列值内选择填"=Sheet1!$F$3:$F$4",在 Y 轴系列值内选择填"=Sheet1!$G$3:$G$4"。再次单击"添加"按钮,按如上操作填"顶点""=Sheet1!$D$3""=Sheet1!$E$3",最后单击"确定"按钮。对所得的图像选项进行编制和装饰后得到图 4.4 所示的效果图。

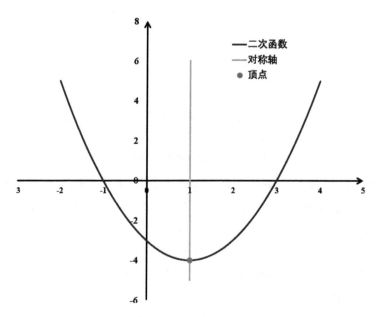

图 4.4　二次函数的图像

在此处的 Excel 模板中,二次函数表达式中的 3 个系数可随意改变,具有交互性,通过改变 3 个系数可以观察到每一个系数对二次函数的图像、方程和不等式解的影响,实现"数"和"形"连贯直观的动态显示。

4.2 直观表示圆锥曲线的定义

本书中以椭圆为例介绍圆锥曲线的两种定义用 Excel 动态直观演示的方法,阐述 Excel 模板制作和设计的详细过程。

1. 椭圆的定义

定义 4.1 平面内与两个定点 F_1、F_2 的距离的和等于常数(大于 $|F_1F_2|$)的点的轨迹叫作椭圆。这两个定点也称为椭圆的焦点,焦点之间的距离称为焦距。

定义 4.2 平面内到一定点 F 与到一条定直线 l 的距离之比为常数 e 且 $0 < e < 1$ 的点的轨迹(点 F 不在直线 l 上)叫作椭圆。常数 e 称为椭圆的离心率,定直线 l 称为椭圆的准线。

2. 椭圆的方程

如果椭圆的两个焦点的坐标是 $F_1(-c,0)$、$F_2(c,0)$,椭圆上任一点到两个焦点的距离的和等于 $2a$,则其方程为

$$\frac{x^2}{a^2} + \frac{y^2}{b^2} = 1 。 \tag{4.1}$$

其中 $b = \sqrt{a^2 - c^2}$。此时椭圆的离心率为 $e = \dfrac{c}{a}$,椭圆的准线方程为 $x = \pm\dfrac{a^2}{c}$。

方程(4.1)对应的参数方程为

$$\begin{cases} x = a\cos t, \\ y = b\sin t, \end{cases} \quad 0 \leqslant t \leqslant 2\pi 。 \tag{4.2}$$

3. 模板的制作与设计

第一步,为了提高模板表的通用性,在单元格区 B2 和 C2 中输入椭圆的长半轴长和短半轴长(在这里暂时输入"5"和"4")。在单元格 B5、C5、B6 和 C6 中分别输入"=SQRT(B2 * B2−C2 * C2)""0""=−B5"和"0",确定焦点坐标,如图 4.5 所示。

	A	B	C
1		长半轴	短半轴
2		5	4
3	焦点坐标		
4		*x*	*y*
5	右焦点	3	0
6	左焦点	-3	0

图 4.5　椭圆焦点的坐标

第二步，用椭圆的参数方程(4.2)在单元格区域 A10:C82 内输入参数和椭圆上点的坐标计算公式(可以参考例 3.5)，如图 4.6 所示。

8	椭圆上点的坐标		
9	*t*	*x*	*y*
10	0	5	0
11	5	4.981	0.348623
⋮			
81	355	4.981	-0.348623
82	360	5	-9.8E-16

图 4.6　椭圆上点的坐标

第三步，在准线上确定两个点。任意选取单元格区域(图 4.7 中的单元格区域 E11:F12)E11、F11、E12 和 F12 中分别输入"=B2^2/B5""=C2""=B2^2/B5"和"=-C2"。

第四步，输入椭圆上动点坐标的计算公式，在单元格 F3 中输入条件函数"=IF(F3<360,F3+1,0)"，在单元格 G3 中输入"=$B$2*COS(PI()*F3/180)"，在单元格 H3 中输入"=$C$2*SIN(PI()*F3/180)"。

第五步，计算数据。在单元格 F4 中输入椭圆上任意点到右焦点的距离计算公式"=SQRT((G3-B5)*(G3-B5)+(H3-C5)*(H3-C5))"，在单元格 F5 中输入椭圆上任意点到左焦点的距离计算公式"=SQRT((G3-B6)*(G3-B6)+(H3-C6)*(H3-C6))"，在单元格 F6 中输入椭圆上任意点到两个焦点距离之和的计算公式"=F4+F5"，在单元格 F7 中输入椭圆上任意点到准线距离的计算公式"=ABS(E11-G3)"，在单元格 F8 中输入离心率的计算公式"=F4/F7"，如图 4.7 所示。

E	F	G	H
	椭圆上的动点坐标		
	t	x	y
	34	4.1452	2.2368
椭圆上任意点到右焦点的距离	2.512887282		
椭圆上任意点到左焦点的距离	7.487112718		
椭圆上任意点到两个焦点距离之和	10		
椭圆上任意点到准线的距离	4.188145471		
离心率	0.6		
准线上的两个点			
x	y		
8.333333333	4		
8.333333333	-4		

图 4.7　有用数据

第五步,设计 Excel 的迭代计算功能。在"文件"菜单下选择"选项→公式",在"Excel 选项"对话框中选择"启用迭代计算(I)",最多迭代计算次数设为 1,最大误差设为 0.001,如图 4.8 所示。

图 4.8　Excel 选项对话框

第六步,绘制图像:选中单元格区域 B10:C82,依次单击"插入"、图表下拉按钮、"更多散点图(M)...",选择"XY(散点图)→带平滑线的散点图",单击"确定"

按钮,完成椭圆图像的绘制。选择刚绘制的图像,单击右键,选择"选择数据",在弹出"选择数据源"的对话框中单击"添加"按钮,弹出"编辑数据系列"对话框后,在系列名称内填"=右焦点与椭圆上点的连线",在 X 轴系列值内选择填"=(Sheet1! $B$5,Sheet1! $G$3)",在 Y 轴系列值内选择填"=(Sheet1! $C$5,Sheet1! $H$3)"。按如上操作,再次单击"添加"按钮,分别填"=左焦点与椭圆上点的连线""=(Sheet1! $B$6,Sheet1! $G$3)""=(Sheet1! $C$6,Sheet1! $H$3)",单击"确定"按钮;单击"添加"按钮分别填"=准线""=Sheet1! $E$11:$E$12""=Sheet1! $F$11:$F$12",单击"确定"按钮;单击"添加"按钮分别填"=椭圆上点到准线的垂线""=(Sheet1! $E$11,Sheet1! $G$3)""=(Sheet1! $H$3,Sheet1! $H$3)",单击"确定"按钮,如图 4.9 所示。

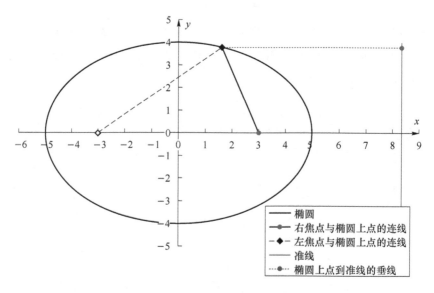

图 4.9 椭圆动画演示图

第七步,实现动画。如果我们按功能键 F9,此时对应参数 t 的单元格 F3 的值会发生变化,从而椭圆上的点沿着椭圆开始运动。这时我们可以观察到椭圆上的点到右焦点的距离和椭圆上的点到左焦点的距离变化,而它们的和不变,椭圆上的点到右焦点的距离与椭圆上的点到准线的距离比值也不变而且小于 1。

同样的方法,用 Excel 的图形动画和数据的变化可以直观动态演示:双曲线上任意点到右焦点的距离与到左焦点的距离之差绝对值的不变性;双曲线上任意点到右(左)焦点的距离与到准线的距离比值的不变性(大于 1);抛物线上的点沿着抛物线运动,抛物线上的动点到焦点的距离与到准线距离保持相等等特性。

4.3 直观表示导数的几何意义

1. 导数的定义

设函数 $f(x)$ 在 x_0 的某一领域 $U(x_0)$ 内有意义,在此领域内,当自变量在 x_0 处有增量 Δx 时,相应的函数有增量 $\Delta y = f(x_0 + \Delta x) - f(x_0)$,当 $\Delta x \to 0$ 时,Δy 与 Δx 之比的极限

$$\lim_{\Delta x \to 0} \frac{\Delta y}{\Delta x} = \lim_{\Delta x \to 0} \frac{(x_0 + \Delta x) - f(x_0)}{\Delta x} \tag{4.3}$$

存在,则称函数 $f(x)$ 在 x_0 处可导,并称该极限值为 $f(x)$ 在 x_0 处的导数,记作 $f'(x)$。

2. 导数的几何意义

导数 $f'(x)$ 的本质是函数 $f(x)$ 在 $x = x_0$ 处的瞬时变化率。如图 4.10 所示,割线 PQ 的斜率是 $\frac{\Delta y}{\Delta x}$。当 $\Delta x \to 0$ 时,$\frac{\Delta y}{\Delta x}$ 无限趋近的常数是 $f'(x)$,从图形上看,当 Δx 趋近于 0 时,点 Q 沿曲线趋近于点 P,割线绕点 P 转动,它的极限位置为直线 PT,这条直线叫作此曲线在点 P 的切线。于是当 $\Delta x \to 0$ 时,割线 PQ 的斜率趋近于过点 P 的切线斜率,因此函数 $f(x)$ 在 $x = x_0$ 处的导数的几何意义是函数图像在 (x_0, y_0) 处的切线斜率。

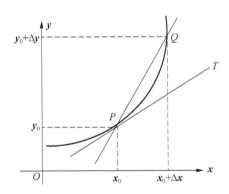

图 4.10 导数的几何意义

3. 模板的制作

以函数 $y = x^n, x \in [a, b]$ 在 $x = x_0 (x_0 \in [a, b])$ 处的导数为例介绍用 Excel 直观表示导数的几何意义。

第一步,输入常数。在单元格 A2、B2 和 C2 中分别输入 n、a 和 b 的值(本书中取 $n=2,a=-1,b=2$),如图 4.11 所示。

第二步,计算自变量和因变量增量。在单元格 A5、B5 和 C5 中分别输入"=IF(A5<=0,2.0,A5-0.05)""0.5"和"=B5+A5"。在单元格 A6、B6 和 C6 中分别输入"=B5^A2""=C5^A2"和"=B7-A7",如图 4.11 所示。

	A	B	C
1	*n*	*a*	*b*
2	2	−1	3
3			
4	Δx	x_0	$x_0+\Delta x$
5	1.05	0.5	1.55
6	Δy	$f(x_0)$	$f(x_0+\Delta x)$
7	2.31	0.25	2.4025

图 4.11　自变量和因变量的增量

第三步,计算切线和割线。在单元格 A10 和 B10 中分别输入切线和割线斜率的计算公式"=A2*(B5)^(A2-1)"和"=IF(A5<>0,C7/A5,A10)"。用切线和割线的方程求切线上 $x=a$ 和 $x=b$ 对应的纵坐标,因此在单元格 A13 和单元格 A14 中分别输入"=A7+A10*(B2-B5)"和"=A7+A10*(C2-B5)",在单元格 B13 和单元格 B14 中分别输入"=A7+B10*(B2-B5)"和"=A7+B10*(C2-B5)",如图 4.12 所示。

9	切线的斜率	割线的斜率
10	1	2.666666667
11,12	切线两个端点的纵坐标	割线两个端点的纵坐标
13	−1.5	−4
14	2.5	6.666666667

图 4.12　切线和割线的斜率

第四步,用函数方程在单元格区域 A16:B37 内输入确定函数曲线上点坐标的计算公式,如图 4.13 所示。

16	*x*	$f(x)=x^n$
17	−1	1
18	−0.8	0.64
⋮		
36	2.8	7.84
37	3	9

图 4.13 函数曲线上点的坐标

第五步,绘制图像。选中单元格区域 A16:B37,依次单击"插入"、图表下拉按钮、"更多散点图(M)...",选择"XY(散点图)→带平滑线的散点图",单击"确定"按钮,完成函数曲线的绘制。选择刚绘制的函数曲线,单击右键,选择"选择数据",在弹出"选择数据源"的对话框内单击"添加"按钮,弹出"编辑数据系列"对话框后,在系列名称内填"=割线",在 X 轴系列值内选择填"=Sheet1!＄B＄2：＄C＄2",在 Y 轴系列值内选择填"=Sheet1!＄B＄13：＄B＄14"。按如上操作,再次单击"添加"按钮,分别填"=切线""=Sheet1!＄B＄2：＄C＄2"和"=Sheet1!＄A＄13：＄A＄14",单击"确定"按钮;单击"添加"按钮,分别填"=切点""=Sheet1!＄B＄5"和"=Sheet1!＄A＄17",单击"确定"按钮;单击"添加"按钮,分别填"=动点""=Sheet1!＄C＄5"和"=Sheet1!＄B＄17",单击"确定"按钮。

第六步,重新设计 Excel 的迭代计算功能并实现动画。在"文件"菜单下选择"选项",在"Excel 选项"对话框中单击"公式"副对话框,选择"启用迭代计算(I)",将最多迭代计算次数设为1,最大误差设为 0.001,并单击"确定"。这时,如果我们按功能键 F9,随着 Δx 的变小割线沿着曲线向切线方向滑动,此时割线的斜率接近于切线斜率,最后等于切线斜率,此时割线和切线重合,如图 4.14 所示。

在这个模板中,n、a、b 和 x_0 值可以改变,该

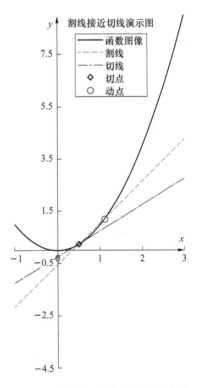

图 4.14 导数几何意义的动画演示

模板具有通用性和扩展性。

4.4 分析摆线的生成和性质

1. 摆线的定义

设有一个固定圆,其半径为 R,圆心在原点,另有一个动圆,其半径为 r,动圆始终与固定圆外切,沿固定圆无滑动地滚动,此时动圆上一定点 M 的轨迹叫作摆线,固定圆成为准圆。

2. 摆线的参数方程

设 $M(x, y)$ 为动圆上的固定点,如图 4.15 所示,假设 A 是点 M 的初始位置,以通过 OA 的直线为 x 轴,过点 O 作 x 轴的垂线,以此为 y 轴。

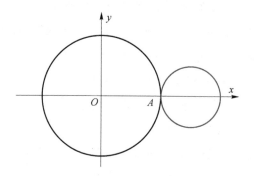

图 4.15 坐标系的建立

如图 4.16 所示,当动圆滚动圆心到 C 处,过 C 作 $CE \perp x$ 轴,过 M 作 $MF \perp x$ 轴,$MD \perp CE$,连接 C 与 M、O 与 C。

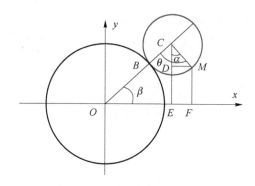

图 4.16 外摆线的形成

再设 $\angle MCB = \theta$ 为滚动角，$\angle MCD = \alpha$ 为辅助角，$\angle AOC = \beta$ 为公转角，取公转角 β 为参数，则

因为

$$x = OF = OE + EF = OC \cdot \cos\beta + DM = OC \cdot \cos\beta + CM \cdot \sin\alpha,$$

所以

$$x = (R+r)\cos\beta + r\sin\alpha。 \tag{4.4}$$

因为

$$y = MF = DE = CE - DC = OC \cdot \sin\beta - CM \cdot \cos\alpha,$$

所以

$$y = (R+r)\sin\beta - r\cos\alpha。 \tag{4.5}$$

因为动圆在准圆上无滑动地滚动，所以 $\overset{\frown}{AB}$ 弧的长等于 $\overset{\frown}{BM}$ 弧的长，即

$$R\beta = r\theta \Rightarrow \theta = \frac{R}{r}\beta。 \tag{4.6}$$

又因为四边形 $OFMC$ 的四个内角的和

$$\angle FOC + \angle OCM + \angle CMF + \angle MFO = 2\pi。$$

$$\beta + \theta + \pi - \alpha + \frac{\pi}{2} = 2\pi。 \tag{4.7}$$

将式(4.6)代入式(4.7)并整理得

$$\alpha = \beta + \theta - \frac{\pi}{2} = \beta + \frac{R\beta}{r} - \frac{\pi}{2} = \frac{R+r}{r}\beta - \frac{\pi}{2}。 \tag{4.8}$$

将式(4.8)代入式(4.4)和式(4.5)得

$$\begin{cases} x = (R+r)\cos\beta + r\sin\left(\dfrac{R+r}{r}\beta - \dfrac{\pi}{2}\right), \\ y = (R+r)\sin\beta - r\cos\left(\dfrac{R+r}{r}\beta - \dfrac{\pi}{2}\right)。 \end{cases}$$

化简可得外摆线的参数方程：

$$\begin{cases} x = (R+r)\cos\beta - r\cos\dfrac{R+r}{r}\beta, \\ y = (R+r)\sin\beta - r\sin\dfrac{R+r}{r}\beta。 \end{cases} \tag{4.9}$$

如果 $R = nr$（n 为正整数）时，摆线有 n 个歧点，摆线是由 n 个完全相同的拱形弧组成的封闭曲线，此时方程(4.9)变为

$$\begin{cases} x = r[(n+1)\cos\beta - \cos(n+1)\beta], \\ y = r[(n+1)\sin\beta - \sin(n+1)\beta]。 \end{cases} \tag{4.10}$$

在特殊情况 $n=1$ 时,形成的外摆线就是有名的心形线,参数方程(4.10)变为

$$\begin{cases} x=2r\cos\beta(1-\cos\beta)+r, \\ y=2r\sin\beta(1-\cos\beta). \end{cases} \tag{4.11}$$

3. 演示模板的制作

第一步,输入准圆和动圆半径。在单元格 A2 和 B2 中输入准圆和动圆半径的值(本书中先输入"3"和"1"),如图 4.17 所示。

第二步,输入动圆圆心和动点坐标。在单元格 A5 中输入实现圆心转动参数的公式"=IF(A5<360,A5+5,0)"。在单元格 B5 和 C5 中输入计算动圆圆心坐标的公式"=($A$2+$B$2)*COS(A5*PI()/180)"和"=($A$2+$B$2)*SIN(A5*PI()/180)"。在单元格 E5 和 F5 中,用摆线方程(4.10)输入动点坐标的计算公式"=($A$2+$B$2)*COS(A5*PI()/180)-$B$2*COS(($A$2+$B$2)/$B$2*A5*PI()/180)"和"=($A$2+$B$2)*SIN(A5*PI()/180)-$B$2*SIN(($A$2+$B$2)/$B$2*A5*PI()/180)",如图 4.17 所示。

	A	B	C	D	E	F
1	*R*	*r*				
2	3	1				
3		动圆的圆心			动点	
4	*β*	*a*	*b*		*x*	*y*
5	110	-1.3680806	3.7588		-1.542	2.773963

图 4.17 动圆的圆心和动点的坐标

第三步,输入准圆、动圆和摆线上点的坐标计算公式。在单元格 A8 和 A9 中分别输入"0""10",将单元格 A8 和 A9 同时选中,把鼠标指针移动到单元格 A9 的右下角,待鼠标指针变为填充柄("+"符号)时,按住鼠标左键向下拖动到单元格 A44,完成单元格区域 A8:A44 的自动填充。在单元格 B8 和 C8 中分别输入计算准圆上点横坐标和纵坐标的计算公式"=$A$2*COS(A8*PI()/180)"和"=$A$2*SIN(A8*PI()/180)"。在单元格 E8 和 F8 中分别输入计算动圆上点横坐标和纵坐标的计算公式"=$B$5+$B$2*COS(A8*PI()/180)"和"=$C$5+$B$2*SIN(A8*PI()/180)"。在单元格 H8 和 I8 中分别输入计算摆线上点横坐标和纵坐标的计算公式"=($A$2+$B$2)*COS(A8*PI()/180)-$B$2*COS(($A$2+$B$2)/$B$2*A8*PI()/18 0)"和"=($A$2+$B$2)*SIN(A8*PI()/180)-$B$2*SIN(($A$2+$B$2)/$B$2*A8*

PI()/180)"。选中单元格区域 B8:I8,把鼠标指针移动到单元格 I8 的右下角,待其变为填充柄("+"符号)时,按住鼠标左键,向下拖动到单元格 I44,得到图 4.18 所示的数据。

		准圆		动圆		摆线	
	β	x	y	x	y	x	y
8	0	3	0	-1.571	3.064178	3	0
9	10	2.95442326	0.5209	-1.586	3.237826	3.1732	0.0518
			⋮				
43	350	2.95442326	-0.521	-1.586	2.89053	3.1732	-0.052
44	360	3	-7E-16	-1.571	3.064178	3	0

图 4.18　准圆、动圆和摆线上点的坐标

第四步,绘制图像。选中单元格区域 B10:C44,依次单击"插入"、图表下拉按钮、"更多散点图(M)...",选择"XY(散点图)→带平滑线的散点图",单击"确定"按钮,完成准圆的绘制。选择刚绘制的准圆图像,单击右键选择"选择数据",在弹出的"选择数据源"对话框中单击"添加"按钮,弹出"编辑数据系列"对话框后,在系列名称内填"=动圆",在 X 轴系列值内选择填"=Sheet1!＄E＄8:＄E＄44",在 Y 轴系列值内选择填"=Sheet1!＄F＄8:＄F＄44"。按如上操作,再次单击"添加"按钮,分别填"=摆线""=Sheet1!＄H＄8:＄H＄44"和"=Sheet1!＄I＄8:＄I＄44",单击"确定"按钮;单击"添加"按钮,分别填"=动点""=Sheet1!＄E＄5"和"=Sheet1!＄F＄",单击"确定"按钮。对图像属性进行修改,得到图 4.19 所示的结果。

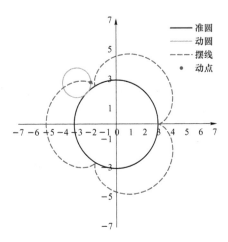

图 4.19　摆线图像

第五步,启用 Excel 的迭代计算功能和实现动画。如图 4.8 所示,设计"Excel 选项"对话框,启用 Excel 的迭代计算功能。这时,如果我们按功能键 F9,随着动圆沿着准圆上无滑动地滚动,动点沿着已画好的摆线移动,演示摆线的生成过程。

在本模板中如果我们将准圆和动圆的半径两个都输入为 2,则此时摆线就变成心形线,如图 4.20 所示。

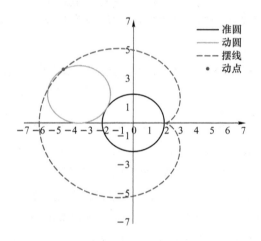

图 4.20 心形线图像

4.5 解释复变函数的几何意义

我们常用几何图形来直观表示函数的意义,为了表述复变函数描述的几何意义,取两张复平面,分别称为 ω 平面和 z 平面。如果在 z 平面上函数 $\omega = f(z)$ 的定义域 D 内取一点 z_0,通过 $\omega = f(z)$ 在 ω 平面上有相应的点 ω_0 与之对应,当 z 取遍点集 D 时,在 ω 平面上就有相应的点集 G 与之对应。因此,从几何上来讲,复变函数 $\omega = f(z)$ 代表的是 z 平面上点集 D 到 ω 平面上点集 G 之间的一种变换,即一种映照。

下面用 Excel 直观地演示这种 z 平面到 ω 平面的映射。

例 4.1 复变函数 $\omega = z + \dfrac{1}{z}$ 将 z 平面上的圆周 $|z| = R$ 映照成 ω 平面上的什么图形?

1．函数关系的说明

首先我们用复变函数知识来说明复变函数 $\omega=z+\dfrac{1}{z}$ 将 z 平面上的圆周 $|z|=R$ 映照成 ω 平面上的什么图形。

圆周 $|z|=R$ 可表示成 $z=R\mathrm{e}^{\mathrm{i}\theta}$，即 $\begin{cases}x=R\cos\theta,\\ y=R\sin\theta,\end{cases}$ $0\leqslant\theta\leqslant2\pi$，此时由 $\omega=z+\dfrac{1}{z}$ 可得 $\omega=\left(R+\dfrac{1}{R}\right)\cos\theta+\mathrm{i}\left(R-\dfrac{1}{R}\right)\sin\theta$。

如果令 $a=R+\dfrac{1}{R}$，$b=R-\dfrac{1}{R}$，则 $\omega=a\cos\theta+\mathrm{i}\sin\theta$。

假设 $\omega=u+vi$，则

$$\begin{cases}u=a\cos\theta,\\ v=b\sin\theta。\end{cases}$$

很显然，当 $R\neq1$ 时，$\dfrac{u^2}{a^2}+\dfrac{v^2}{b^2}=1$，这说明映照 $\omega=z+\dfrac{1}{z}$ 将 z 平面上的圆周 $|z|=R(R\neq1)$ 映照成 ω 平面上长轴为 $2a$，短轴为 $2|b|$ 的椭圆。当 $R=1$ 时，$\omega=2\cos\theta$，这说明映照 $\omega=z+\dfrac{1}{z}$ 将 z 平面上的单位圆映照成 ω 平面上实轴的线段 $-2\leqslant u\leqslant0$。

2．演示模板的制作

第一步，输入 z 平面上被映射区域圆的半径，在单元格 B1 中输入圆的半径（此处先输入 2）。

第二步，输入被映射圆映射前和映射后的坐标计算公式。在单元格 A3 和 A4 中分别输入"0"和"5"，将单元格 A3 和单元格 A4 同时选中，把鼠标指针移动到单元格 A4 的右下角，待其变为填充柄（"+"符号）时，按住鼠标左键向下拖动到单元格 A75，完成单元格区域 A5：A75 的自动填充。在单元格 B3、C3 和 D3 中输入映射前的圆坐标和对应复数的计算公式"＝＄B＄1＊COS(A3＊PI()/180)""＝＄B＄1＊SIN(A3＊PI()/180)"和"＝COMPLEX(B3,C3)"。在单元格 G3 中用映射函数表达式 $\omega=z+\dfrac{1}{z}$ 输入圆上点坐标对应的映射后复数的计算公式"＝IMSUM(D3,IMDIV(COMPLEX(1,0),D3))"。在单元格 H3 和 I3 中分别输入计算复数实部和虚部的公式"＝IMREAL(F3)"和"＝IMAGINARY(F3)"。选中单元格区域 B3：I3，把鼠标指针移动到单元格 I3 的右下角，待其变为填充柄（"＋"符号）时，按住鼠标左键向下拖动到单元格 I75，得到图 4.21 所示的数据。

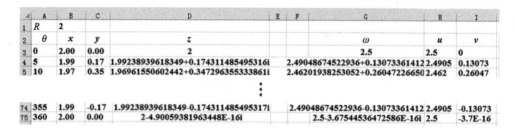

	A	B	C	D	E	F	G	H	I
1	R	2							
2	θ	x	y	z			ω	u	v
3	0	2.00	0.00	2			2.5	2.5	0
4	5	1.99	0.17	1.99238939618349+0.174311485495316i			2.49048674522936+0.130733614122.4905		0.13073
5	10	1.97	0.35	1.96961550602442+0.347296355333861i			2.46201938253052+0.260472266650 2.462		0.26047
74	355	1.99	-0.17	1.99238939618349-0.174311485495317i			2.49048674522936-0.130733614122.4905		-0.13073
75	360	2.00	0.00	2-4.90059381963448E-16i			2.5-3.67544536472586E-16i 2.5		-3.7E-16

图 4.21　被映射圆映射前和映射后的坐标

第四步，绘制图像。选中单元格区域 B3：C75，依次单击"插入"、图表下拉按钮、"更多散点图(M)..."，选择"XY(散点图)→带平滑线的散点图"，单击"确定"按钮，得到映射前圆的图像，如图 4.22(a)所示。选中单元格区域 H3：I75，依次单击"插入"、图表下拉按钮、"更多散点图(M)..."，选择"XY(散点图)→带平滑线的散点图"，单击"确定"按钮，得到映射后圆的图像，如图 4.22(b)所示。

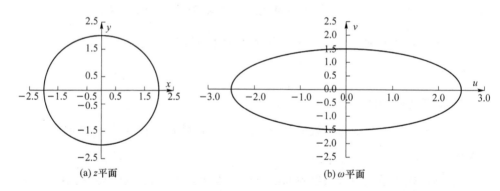

(a) z 平面　　　　　　　　　(b) ω 平面

图 4.22　当 $R＝2$ 时，将圆映射成椭圆

在本模板中，如果圆的半径改为 1，则得到图 4.23 所示的演示结果，即将单位圆映射成线段。如果圆的半径仍然为 2，映射函数改为 $\omega＝e^z$（在单元格 G3 中输入"IMEXP(D3)"并拖动），则圆〔如图 4.24(a)所示〕映射成图 4.24(b)所示的心形线。总之，在这个模板上映射函数改成任何一个函数都可以观察到圆映射成的图像，该模板有很好的扩展性。

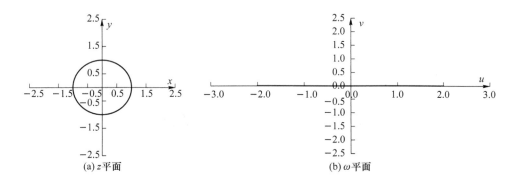

图 4.23　当 $R=1$ 时,将单位圆映射成线段

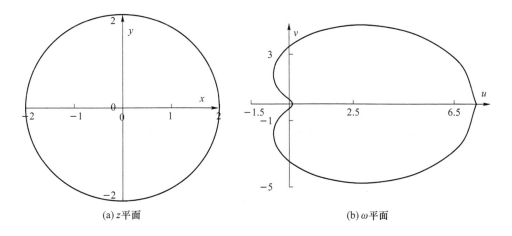

图 4.24　当 $R=2$ 时,指数函数将圆映射成心形线

第 5 章　用 Excel 求解非线性方程

本章主要讲的是单变量非线性方程

$$f(x)=0 \qquad\qquad\qquad (5.1)$$

的求根问题。

5.1　求非线性方程数值解的几种方法

1. 二分法

考察有根区间 $[a,b]$，取中点 $x_k=\dfrac{1}{2}(a_k+b_k)$，将该区间分为两半，假设中点 x_0 不是 $f(x)$ 的零点，然后进行根的搜索，即检查 $f(x_0)$ 与 $f(a)$ 是否同号，如果两者是同号，则说明所求的根 x^* 在 x_0 的右侧，这时令 $a_1=x_0,b_1=b$；否则，根 x^* 在 x_0 的左侧，这时令 $a_1=a,b_1=x_0$。不管出现哪一种情况，新的有根区间 $[a_1,b_1]$ 的长度仅为 $[a,b]$ 的一半。

如此反复二分下去，即可得出一系列有根区间 $[a,b]\supset[a_1,b_1]\supset\cdots\supset[a_k,b_k]\supset\cdots$。其中，每个区间都是前一个区间的一半，因此使用 k 次二分法后的有根区间 $[a_k,b_k]$ 的长度为

$$b_k-a_k=\dfrac{1}{2^k}(b-a)。$$

当 $k\to\infty$ 时有根区间趋于零，也就是说，如果二分过程无限地继续下去，这些有根区间收敛于一点 x^*，该点显然就是所求的根。

每次二分后，设有根区间 $[a_k,b_k]$ 的中点 $x_k=\dfrac{1}{2}(a_k+b_k)$ 作为根的近似值，则在

二分过程中可以获得根的一个近似序列 $x_1, x_2, \cdots, x_k, \cdots$，该序列必以根 x^* 为极限。

2. 迭代法

将方程(5.1)改写成等价的形式

$$x = \varphi(x)。 \tag{5.2}$$

这种方程是隐式的，因而不能直接得出它的根。如果给出根的某个猜测值 x_0，将它代入(5.2)式的右端，即可求得 $x_1 = \varphi(x_0)$。可以如此反复迭代计算

$$x_{k+1} = \varphi(x_k), k = 0, 1, 2, \cdots \tag{5.3}$$

确定的数列 $\{x_k\}$ 有极限 $x^* = \lim\limits_{k \to \infty} x_k$，则称迭代过程(5.3)是收敛的，这时极限值 x^* 就是方程(5.2)的根。

上述迭代法是一种逐次逼近法，其基本思想是将隐式方程(5.1)归结为一组显式的计算公式(5.3)，就是说，迭代过程实质上是一个逐步显示化的过程。

如果 $\varphi(x)$ 满足下列条件：

(1) 当 $x[a, b]$ 时，$\varphi(x) \in [a, b]$；

(2) 对任意 $x[a, b]$，存在 $0 < L < 1$，使 $|\varphi'(x)| \leqslant L < 1$，则方程 $x = \varphi(x)$ 在 $[a, b]$ 上有唯一的根 x^*，且对任意初值 $x_0[a, b]$，迭代序列 $x_{k+1} = \varphi(x_k), (k = 0, 1, 2, \cdots)$ 收敛于 x^*。

3. 埃特金(Aitken)迭代法

设已知 x^* 的某个猜测值 x_0，我们将校正值再校正一次 $x_1 = \varphi(x_0)$，又 $x_2 = \varphi(x_1)$，假定 $\varphi'(x)$ 改变不大，近似地取某个近似值 L，则有

$$L \approx \frac{x_1 - x^*}{x_0 - x^*} \approx \frac{x_2 - x^*}{x_1 - x^*}。 \tag{5.4}$$

由式(5.4)推知

$$x^* \approx x_2 - \frac{(x_2 - x_1)^2}{x_0 - 2x_1 + x_2}。$$

这样构造出的改进公式其实是对两次迭代得到的值进行加工。如果将得到一次改进值作为一步，则计算公式如下：

$$\begin{cases} x_{k+1}^{(1)} = \varphi(x_k), \\ x_{k+1}^{(2)} = \varphi(x_{k+1}^{(1)}), \\ x_{k+1} = x_{k+1}^{(2)} - \dfrac{(x_{k+1}^{(2)} - x_{k+1}^{(1)})^2}{x_{k+1}^{(2)} - 2x_{k+1}^{(1)} + x_k}, \end{cases} \qquad k = 0, 1, 2, \cdots。 \tag{5.5}$$

上述迭代过程(5.5)称为埃特金迭代法。

4. 斯蒂芬森(Steffensen)迭代法

埃特金迭代法不管原序列 $\{x_k\}$ 是怎样产生的,直接对 $\{x_k\}$ 进行加速计算,得到序列。如果把埃特金加速技巧与不动点迭代法结合,则可得到如下的迭代法:

$$\begin{cases} y_k = \varphi(x_k), \\ z_k = \varphi(y_k), \\ x_{k+1} = x_k - \dfrac{(y_k - x_k)^2}{z_k - 2y_k + x_k}, \end{cases} \quad k = 0, 1, 2, \cdots。 \tag{5.6}$$

上述迭代过程(5.6)称为斯蒂芬森迭代法。

5. 牛顿迭代法

牛顿迭代法实质上是一种线性化方法,其基本思想是将非线性方程 $f(x)=0$ 逐步归结为某种线性方程来求解。设已知方程 $f(x)=0$ 有近似根 x_0,且在 x_0 附近 $f(x)$ 可用一阶泰勒多项式近似表示为

$$f(x) \approx f(x_0) + f'(x_0)(x - x_0)。 \tag{5.7}$$

当 $f'(x_0) \neq 0$ 时,方程 $f(x)=0$ 可用线性方程(切线)近似代替,即 $f(x_0) + f'(x_0) \cdot (x - x_0) = 0$,解此线性方程得 $x = x_0 - \dfrac{f(x_0)}{f'(x_0)}$,从而得迭代公式

$$x_{k+1} = x_k - \frac{f(x_k)}{f'(x_k)}, k = 0, 1, 2, \cdots。 \tag{5.8}$$

式(5.8)称为牛顿迭代公式。

如果 $f \in C^2[a,b]$ 且 x^* 为 $f(x)$ 在 $[a,b]$ 上的根,$f'(x^*) \neq 0$,则存在 x^* 的邻域 U,使得任取初值 $x_0 \in U$ 时,用牛顿迭代法产生的序列 $\{x_k\}$ 收敛到 x^*。

$f \in C^2[a,b]$,即 $f(x)$ 在 $[a,b]$ 上的二阶可导连续函数。

5.2 确定非线性方程数值解的 Excel 模板的制作

例 5.1 确定非线性方程

$$f(x) = e^x + 10x - 4 = 0 \tag{5.9}$$

在区间 $[0,1]$ 内的数值解 x^*,使得 $|f(x^*)| < 1 \times 10^{-5}$。

本节在 5.1 节讨论的 5 种确定方程(5.9)近似解方法的基础上,介绍用 Excel 来实现求解的基本思路以及操作。

首先打开一个 Excel 工作簿,在这个工作簿中打开 5 个工作表,分别命名为二

分法、迭代法、埃特金迭代法、斯蒂芬迭代法和牛顿迭代法。在每一个工作表内完成相应的迭代法。

1. 二分法

第一步,在单元格 A2 中输入"0";在单元格 B2 和 D2 中输入区间边界值"0"和"1";在单元格 C2 和 E2 中输入区间边界处函数值的计算公式"＝EXP(B2)＋10 ＊ B2－4"和"＝EXP(D2)＋10 ＊ D2－4";在单元格 F2 中输入计算区间中点的计算公式"＝(B2＋D2)/2";在单元格 G2 和 H2 中输入区间中点的函数值和其绝对值计算公式"＝EXP(F2)＋10 ＊ F2－4"和"＝ABS(G2)"。

第二步,在单元格 A3 中输入"A2＋1";在单元格 B3 和 D3 中分别输入"＝IF(C2 ＊ G2>0,F2,B2)"和"＝IF((E2 ＊ G2)>0,F2,D2)";选中单元格 A2,把鼠标指针移动到单元格 A2 的右下角,待其变为填充柄("＋"符号)时,按住鼠标左键向下拖动到单元格 A3,完成单元格 A3 的自动填充;用同样的方法完成单元格 E3、F3、G3 和 H3 的自动填充;在单元格 I_3 中输入判断计算"停止"或"继续"确定公式"＝IF(ABS(G3)>0.0001,"继续","x ＊ ＝"&F3)"。

第三步,选中单元格区域 A3:I3,把鼠标指针移动到单元格 I3 的右下角,待其变为填充柄("＋"符号)时,按住鼠标左键向下拖动到单元格列 I 上出现"x˙＝0.269119262695312"为止,得到图 5.1 所示的结果。

	A	B	C	D	E	F	G	H	I	J	K
1	k	a_k	$f(a_k)$	b_k	$f(b_k)$	x_k	$f(x_k)$	$\|f(x_k)\|$	判断		
2	0	0	-3.00000	1	8.71828	0.5	2.64872	2.64872			
3	1	0	-3.00000	0.5	2.64872	0.25	-0.21597	0.21597	继续		
					⋮						
16	14	0.2691	-0.00017	0.2692	0.00052	0.269135	0.00018	0.00018	继续		
17	15	0.2691	-0.00017	0.2691	0.00018	0.269119	0.00000	0.00000	x*=0.269119262695312		

图 5.1　用二分法确定的非线性方程的数值解

2. 迭代法

方程(5.9)对应的迭代公式为

$$x_k = \frac{1}{10}(4 - e^{x_k})。 \tag{5.10}$$

第一步,在单元格 A2 中输入"0";在单元格 B2 中输入 x_0 的值"0";在单元格 A3 中输入"A2＋1";在单元格 B3 中用迭代公式(5.9)输入"＝(4－EXP(B2))/10";在单元格 C3 中输入函数 x_k 处绝对值的计算公式"＝ABS(EXP(B3)＋10 ＊ B3－

4)"；在单元格 D3 中输入计算停止判断和确定数值解的公式"＝IF（ABS（C3）＞0.0001，"继续"，"x＊＝"＆B3）"。

第二步，选中单元格区域 A3：D3，把鼠标指针移动到单元格 D3 的右下角，待其变为填充柄（"＋"符号）时，按住鼠标左键向下拖动到单元格 D 列上出现"x＊＝0.269117719862912"为止，得到图 5.2 所示的结果。

	A	B	C	D	E
1	k	x_k	$\|f(x_k)\|$	判断	
2	0	0			
3	1	0.3	0.34986	继续	
4	2	0.26501	0.04641	继续	
5	3	0.26966	0.00606	继续	
6	4	0.26905	0.00079	继续	
7	5	0.26913	0.0001	继续	
8	6	0.26912	1.4E-05	x*=0.269117719862912	

图 5.2　用迭代法确定的非线性方程的数值解

3. 埃特金迭代法

方程（5.9）对应的埃特金迭代公式

$$\begin{cases} x_k^{(1)} = \dfrac{1}{10}(4 - e^{x_k}), \\[2mm] x_{k+1}^{(2)} = \dfrac{1}{10}(4 - e^{x_k^{(1)}}), \\[2mm] x_{k+1} = x_{k+1}^{(2)} + \dfrac{(x_{k+1}^{(2)} - x_{k+1}^{(1)})^2}{x_{k+1}^{(2)} - 2x_{k+1}^{(1)} + x_k}. \end{cases} \tag{5.11}$$

第一步，在单元格 A2 中输入"0"；在单元格 D2 中输入 x_0 的值"0"；在单元格 A3 中输入"A2＋1"；在单元格 B3 中输入迭代公式"＝（4－EXP（D2））/10"；在单元格 C3 中输入迭代公式"＝（4－EXP（B3））/10"；在单元格 D3 中用迭代公式（5.11）输入"＝C3－（C3－B3)^2/（C3－2＊B3＋D2）"；在单元格 E3 中输入在 x_k 处计算函数绝对值的公式"＝ABS（EXP（D3）＋10＊D3－4）"；在单元格 F3 中输入计算停止判断和确定数值解的公式"＝IF（ABS（E3）＞0.0001，"继续"，"x＊＝"＆D3）"。

第二步，选中单元格区域 A3：F3，把鼠标指针移动到单元格 F3 的右下角，待其变为填充柄（"＋"符号）时，按住鼠标左键向下拖动到单元格列 F 上出现"x＊＝0.269118920621115"为止，得到图 5.3 所示的结果。

	A	B	C	D	E	F	G
1	k	$x_k^{(1)}$	$x_k^{(2)}$	x_k	$|f(x_k)|$		
2	0			0	3		
3	1	0.3	0.265014	0.268668	0.005098808	继续	
4	2	0.26917792	0.269111	0.269119	1.74062E-08	x*=0.269118920621115	

图 5.3 用埃特金迭代法确定的非线性方程的数值解

4. 斯蒂芬迭代法

方程(5.9)对应的斯蒂芬迭代公式为

$$\begin{cases} y_k = \dfrac{1}{10}(4-e^{x_k}), \\ z_k = \dfrac{1}{10}(4-e^{y_k}), \\ x_{k+1} = x_k + \dfrac{(y_k-x_k)^2}{z_k-2y_k+x_k}. \end{cases} \tag{5.12}$$

第一步,在单元格 A2 中输入"0";在单元格 D2 中输入 x_0 的值"0";在单元格 A3 中输入"A2+1";在单元格 B3 中输入 y_k 的计算公式"=(4−EXP(D2))/10";在单元格 C3 中输入 z_k 的计算公式"=(4−EXP(B3))/10";在单元格 D3 中用斯蒂芬公式(5.12)输入计算 x_{k+1} 的公式"=D2−(C3−D2)^2/(C3−2*B3+D2)";在单元格 E3 中输入函数在 x_k 处绝对值的计算公式"=ABS(EXP(D3)+10*D3−4)";在单元格 F3 中输入计算停止判断和确定数值解的公式"=IF(ABS(E3)>0.0001,"继续","x*="&D3)"。

第二步,选定单元格区域 A3:F3,把鼠标指针移动到单元格 F3 的右下角,待其变为填充柄("+"符号)时,按住鼠标左键向下拖动到在单元格列 F 上出现"x*=0.2691189594547"为止,得到图 5.4 所示的结果。

	A	B	C	D	E	F
1	k	y_k	z_k	x_k	$|f(x_k)|$	
2	0			0		
3	1	0.3	0.265014	0.209658	0.670163329	继续
4	2	0.276674374	0.268126	0.254898	0.160688725	继续
5	3	0.270966985	0.268877	0.265659	0.039121664	继续
6	4	0.269571	0.26906	0.268274	0.009559268	继续
7	5	0.269229514	0.269104	0.268912	0.00233784	继续
8	6	0.269145976	0.269115	0.269068	0.000571871	继续
9	7	0.26912554	0.269118	0.269107	0.000139896	继续
10	8	0.269120541	0.269119	0.269116	3.42229E-05	x*=0.26911589594547

图 5.4 用斯蒂芬迭代法确定的非线性方程的数值解

5. 牛顿迭代法

方程(5.9)对应的牛顿迭代公式为

$$x_k = x_k + \frac{e^{x_k} + 10x_k - 4}{e^{x_k} + 10}。 \tag{5.13}$$

第一步,在单元格 A2 中输入"0";在单元格 B2 中输入 x_0 的值"0";在单元格 C2 中输入在 x_k 处计算函数值的公式"=EXP(B2)+10*B2−4";在单元格 D2 中输入在 x_k 处计算函数导数值的公式"=EXP(C2)+10"。

	A	B	C	D	E	F	G
1	**k**	x_k	$f(x_k)$	$f'(x_k)$	$\|f(x_k)\|$		
2	0	0	-3	10.04979	3.00000		
3	1	0.298513787	0.33299	11.39514	0.33299	继续	
4	2	0.269291495	0.00195	11.00195	0.00195	继续	
5	3	0.269114107	-5E-05	10.99995	0.00005	x*=0.269114107118659	

图 5.5 用牛顿迭代法确定的非线性方程的数值解

第二步,在单元格 A3 中输入"A2+1";在单元格 B3 中输入牛顿迭代计算 x_k 的公式"=B2−C2/D2";选中单元格区域 C2:D2,把鼠标指针移动到单元格 D2 的右下角,待其变为填充柄("+"符号)时,按住鼠标左键向下拖动,完成单元格区域 C3:D3 的自动填充;在单元格 E3 中输入在 x_k 处计算函数绝对值的公式"=ABS(C3)";在单元格 F3 中输入计算停止判断和确定数值解公式"=IF(ABS(E3)> 0.0001,"继续","x * ="&B3)"。

第三步,选中单元格区域 A3:F3,把鼠标指针移动到单元格 F3 的右下角,待其变为填充柄("+"符号)时,按住鼠标左键向下拖动到单元格列 F 上出现"x* = 0.269114107118659"为止,得到图 5.5 所示的结果。

6. 收敛速度比较图的绘制

在直角坐标系内绘制 5 种迭代法的收敛速度比较图,横坐标为迭代次数,纵坐标为误差,如图 5.6 所示。

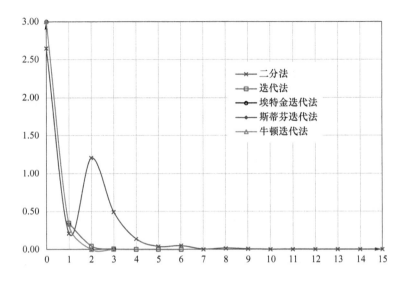

图 5.6　5 种迭代法的收敛速度比较

5.3　利用规划求解确定方程解的方法

1. 添加规划求解加载项

在"文件"菜单下选择"选项",在"选项"对话框中单击"加载项"副对话框,选择"规划求解加载项",单击"转到"按钮(如图 5.7 所示),此时会弹出"加载"宏选项对话框(如图 5.8 所示)。选择"规划求解加载项",然后单击"确定"按钮,此时"数据"菜单右上角产生一个"规划求解"功能按钮(如图 5.9 所示)。

2. 利用规划求解确定一元非线性方程的解

例 5.2　利用规划求解确定下列非线性方程的解:

$$f(x) = e^x + 10x - 4 = 0。 \tag{5.19}$$

在单元格 A1 中输入"0";在单元格 A2 中输入"＝EXP(A1)＋10 ∗ A1－4";单击"规划求解",打开"规划求解参数"对话框;在设置目标处填"＄A＄2",在目标值处填"0",在通过更改可变单元格中填"＄A＄1"(如图 5.10 所示),弹出"规划求解结果"对话框(如图 5.11 所示)后,单击"确定"按钮。此时单元格 A1 的值变为"0.26911893393",这就是方程的解,单元格 A2 的值变为"1.331E－07",这是误差。

图 5.7 Excel 选项

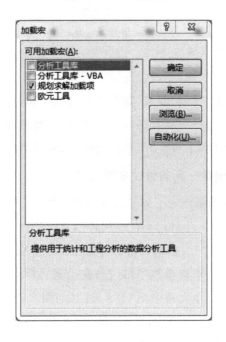

图 5.8 "加载宏"副对话框

图 5.9　"规划求解"功能按钮

图 5.10　"规划求解参数"对话框

3. 利用规划求解确定多元非线性方程组的解

例 5.3　利用规划求解确定下列方程组的解：

$$\begin{cases} 3x^3 + 4y - 109 = 0, \\ 2x + 7y - 55 = 0。 \end{cases} \quad (5.20)$$

为了说明，先简易改变一下方程(5.20)的形式，并把每个方程赋给一个哑变量 E_1 和 E_2：

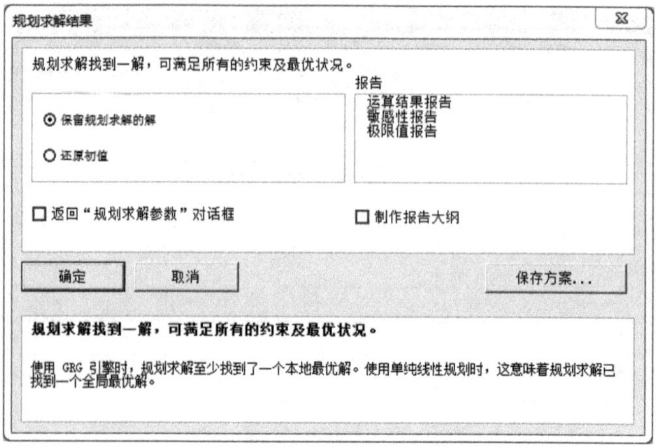

图 5.11 规划求解结果

$$\begin{cases} E_1 = 3x^3 + 4y - 109 = 0, \\ E_2 = 2x + 7y - 55 = 0。 \end{cases} \tag{5.21}$$

在单元格 A1:A2 里输入 x 和 y，在单元格 A4 和 A5 输入 E_1 和 E_2 符号。把 x 和 y 的初始估算值都设置为 1，并将其输入单元格区域 B1:B2。在单元格 B4 和 B5 中分别输入 E_1 和 E_2 的计算公式"＝3＊B1^3＋4＊B2－109"和"＝2＊B1＋7＊B2－55"。

上述 x 和 y 的值都是估算值。为了满足式（5.21）的两个方程，E_1 和 E_2 的值变为 0 才可以。当 E_1 和 E_2 的和为 0 时，方程也可能会得到满足。但是存在这样的情形：E_1 和 E_2 的和为 0，但是它们本身并不为 0（如－2＋2＝0）。之所以使用平方和，是为了保证 E_1 和 E_2 的值都为非负数，这样当它们的和为 0 时，每个方程肯定为 0。在单元格 B5 中输入求 E_1 和 E_2 的平方和的公式"＝B3^2＋B4^2"，如图 5.12 所示。

	A	B
1	x	1
2	y	1
3	E_1	-102
4	E_2	-46
5	$E_1{}^2 + E_2{}^2$	=B3^2+B4^2

图 5.12 求 E_1 和 E_2 的平方和的公式

选择"规划求解"工具后，会弹出"规划求解参数"对话框，把目标单元设置为"＄B＄2"，把"等于"的可选项设置"值为"，并输入"0"。把可变单元格设置为"＄B

$1：$B$2"，然后单击"求解"按钮，弹出"规划求解结果"对话框后，单击"确定"按钮，接受它的结果。得到与精确解 $x=3,y=7$ 接近的近似解 $x=3.000\,05,y=7.008\,45$。

4. 利用规划求解确定线性规划问题的解

例 5.4　某一个公司生产两种风机(风机 A 和风机 B)。生产风机 A 需要 9 吨钢材、4 千瓦电和 3 小时工时，生产风机 A 带来的利润为 200 万元。生产风机 B 需要 5 吨钢材、5 千瓦电和 7 小时工时，生产风机 B 带来的利润为 210 万元。现在用 420 吨钢材、250 千瓦电量，300 小时工时生产风机，怎么安排两种风机的生产量能给公司带来最大的利润？

假设风机 A 的产量为 x，风机 B 的产量为 y，最大利润为 Z，则这个问题用下面的线性规划模型描述：

$$\begin{cases} x,y \text{ 为正整数，} \\ 3x+7y\leqslant300， \\ 4x+5y\leqslant250， \\ 9x+5y\leqslant420， \\ Z=200x+210y。 \end{cases} \tag{5.22}$$

下面的叙述过程以图 5.13 为参考。

▲	A	B	C	D	E
1		需求表			
2		风机A	风机B		
3	工时	3	7		
4	用电	4	5		
5	钢材	9	5		
6					
7		生产表			
8		风机A	风机B		
9	数量	0	0		
10					
11			消费表		
12		风机A	风机B	合计	最大供给
13	工时	0	0	0	300
14	用电	0	0	0	250
15	钢材	0	0	0	420
16					
17		利润表			
18		风机A	风机B	总利润	
19	单位利润	200	210		
20	利润小计	0	0	0	

图 5.13　线性规划求解模板

按照已知条件在单元格区域 B2:C5 中输入相应的数据。每一个风机数量设计为目标单元格(单元格区域 B9:C9),其初始值都是 0。为了计算实际消费,在单元格 B13、C13 和 D13 中分别输入"=B3 * $B$9""=C3 * $C$9"和"=B13+C13"。选中单元格区域 B13:D13,把鼠标指针移动到单元格 D13 的右下角,待其变为填充柄("+"符号)时,按住鼠标左键向下拖动到单元格 D15,完成单元格区域 B13:D15 的自动填充。在单元格 E13、E14 和 E15 中分别输入工时、用电量和钢材的最大供应值,在单元格 B19 和 C19 中分别输入每一种风机带来的利润,在单元格 B20、C20 和 D20 中分别输入计算利润公式"=B9 * B19""=C9 * C19"和"=B20+C20"。

选择"规划求解"工具后,会弹出"规划求解参数"对话框,把目标值设置为"$D$20",可选选项设置为"最大值",通过更改可变单元格设置为"$B$9:$C$9",然后单击"添加"按钮。依次添加图 5.14 所示的约束条件,在这里选择引用单元格和约束条件之间使用关系("<=""="">=""Int"或"Bin")。如果选择"Int",则在"约束值"框中会显示"整数";如果选择"Bin",则在"约束值"框中会显示"二进制"。

最后单击"求解"按钮,在弹出"规划求解结果"对话框后单击"确定"按钮,接受它的结果。得到已知线性规划问题的解:风机 A 的产量为 33 台,风机 B 的产量为 23 台,总利润为 11 430 万元。

图 5.14　线性规划求解参数的输入

第 6 章　用 Excel 求解常微分方程

考虑一阶常微分方程的初值问题：

$$\begin{cases} \dfrac{\mathrm{d}y}{\mathrm{d}x} = f(x,y), \\ y(x_0) = y_0 \, 。 \end{cases} \tag{6.1}$$

求一阶常微分方程初值问题(6.1)的数值解，就是求函数 $y=y(x)$ 在一系列离散点 $x_i(i=1,2,\cdots,n)$ 上的精确值 $y(x_i)(i=1,2,\cdots,n)$ 的近似值 $y_i(i=1,2,\cdots,n)$。

求一阶常微分方程初值问题的数值解可按如下步骤完成。

第一步，在区间 $[x_0,x_0+b]$ 内若干个点上求其近似解，我们将此区间 n 等分，令 $h = \dfrac{b}{n}, x_i = x_0 + ih(i=1,2,\cdots,n)$，$y_i$ 为方程（6.1）的数值解，即当 $x=x_i$ 时精确值 $y(x_i)$ 的近似解。

第二步，用确定常微分方程数值解的方法，即输入 y_i，计算出 $y_{i+1}(i=0,1,\cdots,n-1)$ 的递推公式。

6.1　确定常微分方程数值解的常用方法

1. 欧拉(Euler)法

欧拉法又称欧拉折线法，欧拉折线法的基本思想是利用微分中值定理对方程 (6.1)的解函数 $y=y(x)$ 进行近似。由于 $y(x)$ 是可微函数，故

$$y(x_0+h) - y(x_0) = y'(\xi)h,$$

其中 ξ 是介于 x_0 和 x_0+h 之间的一个值。当 h 比较小时，$y'(\xi)$ 和 $y'(x_0)$ 相差不

大,故用 x_0 代替上式中的 ξ,就得到了近似值

$$y_1 = y_0 + f(x_0, y_0)h。$$

当知道 y_1 以后,再用类似方法来求 $y(x)$ 在点 x_k 的近似值 y_k。

$$y_{i+1} = y_i + hf(x_i, y_i), i = 0, 1, \cdots, n-1, \tag{6.2}$$

这样就得到了方程(6.1)在点 $x_i(i = 1, 2, \cdots, n)$ 的近似解,式(6.2)称为欧拉公式。

由方程(6.1)在节点 x_i 处成立,得

$$y'(x_i) = f(x_i, y(x_i)), \tag{6.3}$$

将 $y(x_{i+1})$ 在 x_i 处利用泰勒(Taylor)展开式展开,得

$$y(x_{i+1}) = y(x_i) + hy'(x_i) + \frac{h^2}{2}y''(\xi_i)。 \tag{6.4}$$

将式(6.3)代入式(6.4),得

$$y(x_{i+1}) = y(x_i) + hf(x_i, y(x_i)) + \frac{h^2}{2}y''(\xi_i)。 \tag{6.5}$$

在式(6.5)中略去高阶项并用 y_i 和 y_{i+1} 分别代替式(6.5)中的 $y(x_i)$ 和 $y(x_{i+1})$,可得向前欧拉公式:

$$y_{i+1} = y_i + hf(x_i, y_i), i = 0, 1, \cdots, n-1。 \tag{6.6}$$

将 $y(x_{i-1})$ 在 x_i 处利用泰勒展开式展开,得

$$y(x_{i-1}) = y(x_i) - hy'(x_i) + \frac{h^2}{2}y''(\xi_i)。 \tag{6.7}$$

将式(6.3)代入式(6.7),得

$$y(x_{i-1}) = y(x_i) - hf(x_i, y(x_i)) + \frac{h^2}{2}y''(\xi_i)。 \tag{6.8}$$

在式(6.8)中略去高阶项并用 y_i 和 y_{i-1} 分别代替式(6.5)中的 $y(x_i)$ 和 $y(x_{i-1})$,可得向后欧拉公式:

$$y_{i+1} = y_i + hf(x_{i+1}, y_{i+1}), i = 0, 1, \cdots, n-1。 \tag{6.9}$$

向前欧拉公式和向后欧拉公式相比,向前欧拉公式关于 y_{i+1} 是显式格式,而在向后欧拉公式中,y_{i+1} 隐含在方程中,这样的格式称为隐式格式。

如果将式(6.4)和式(6.5)再多展开一项,得

$$y(x_{i+1}) = y(x_i) + hy'(x_i) + \frac{h^2}{2}y''(x_i) + \frac{h^3}{6}y'''(\xi_i^{(1)}),$$

$$y(x_{i-1}) = y(x_i) - hf(x_i, y(x_i)) + \frac{h^2}{2}y''(x_i) + \frac{h^3}{6}y'''(\xi_i^{(2)})。$$

将上述两式相减并整理得

$$y(x_{i+1}) = y(x_{i-1}) + 2hf(x_i, y(x_i)) + \frac{h^3}{3}y''(\xi_i)。 \tag{6.10}$$

在式(6.10)中略去高阶项并用 y_{i-1}，y_i 和 y_{i+1} 分别代替式(6.10)中的 $y(x_{i-1})$，$y(x_i)$ 和 $y(x_{i+1})$，可得中心差分欧拉公式：

$$y_{i+1} = y_{i-1} + 2hf(x_{i+1}, y_{i+1}), i = 0, 1, \cdots, n-1。 \tag{6.11}$$

如果将方程(6.1)中常微分方程的两端从 x_i 到 x_{i+1} 积分，则得

$$y(x_{i+1}) - y(x_i) = \int_{x_i}^{x_{i+1}} f(x, y) \mathrm{d}x。 \tag{6.12}$$

如果用梯形求积公式计算式(6.12)中的积分，则有

$$y(x_{i+1}) - y(x_i) = \frac{h}{2}[f(x_i, y(x_i)) + f(x_{i+1}, y(x_{i+1}))] - \frac{h^3}{12}f''(\xi_n, y(\xi_n))。$$
$$\tag{6.13}$$

在式(6.13)中略去高阶项后可得梯形公式：

$$y_{i+1} = y_i + \frac{h}{2}[f(x_i, y_i) + f(x_{i+1}, y_{i+1})], i = 0, 1, \cdots, n-1。 \tag{6.14}$$

一般来说，隐式格式比显示格式具有更好的数值稳定性。但是，由于在隐式格式中，y_{i+1} 往往满足的是一个非线性方程，因而需要使用迭代法得到 y_{i+1} 的近似值，然后代入隐式格式做校正，并以这个校正值作为 $y(x_{i+1})$ 的近似值。因此可以选择适当的显示格式计算预测值，我们把这样的格式称为预估-校正公式。预估-校正公式往往既便于计算又具有较好的数值稳定性。

例如，对于梯形公式，可先用向前欧拉公式计算出预测值，再用梯形公式修正，得到

$$\begin{cases} y_{i+1}^{(0)} = y_i + hf(x_i, y_i), \\ y_{i+1} = y_i + \frac{h}{2}[f(x_i, y_i) + f(x_{i+1}, y_{i+1}^{(0)})], \end{cases} i = 0, 1, \cdots, n-1。 \tag{6.15}$$

式(6.15)称为改进欧拉公式。

2. 龙格-库塔(Runge-Kutta)法

根据微分中值定理，存在 $0 < \theta < 1$，使得

$$\frac{y(x_{i+1}) - y(x_i)}{h} = y'(x_i + \theta h)。 \tag{6.16}$$

由方程(6.1)知

$$y'(x_i + \theta h) = f(x_i + \theta h, y(x_i + \theta h))。$$

将上式代入式(6.16)并整理得

$$y(x_{i+1}) = y(x_i) + hf(x_i + \theta h, y(x_i + \theta h))。 \tag{6.17}$$

令 $K^* = f(x_i + \theta h, y(x_i + \theta h))$，称其为区间 $[x_i, x_{i+1}]$ 上的平均斜率。只要对这个平均斜率提供一种算法，便可以由式（6.17）得到一种计算公式。

若取 $\theta = 0$，即取点 (x_i, y_i) 的斜率作为整个区间 $[x_i, x_{i+1}]$ 上的平均斜率，这时 $K^* = f(x_i, y_i)$，则得到欧拉公式：

$$y_{i+1} = y_i + hf(x_i, y_i), i = 0, 1, \cdots, n-1。$$

若取 $\theta = 1$，即取点 (x_{i+1}, y_{i+1}) 的斜率作为整个区间 $[x_i, x_{i+1}]$ 上的平均斜率，这时 $K^* = f(x_{i+1}, y_{i+1})$，则得到后退的欧拉公式：

$$y_{i+1} = y_i + hf(x_{i+1}, y_{i+1}), i = 0, 1, \cdots, n-1。$$

如果取 $K_1 = f(x_i, y_i)$，$K_2 = f(x_{i+1}, y_i + hf(x_i, y_i))$，令 $K^* = \frac{1}{2}(K_1 + K_2)$，即取 (x_i, y_i) 和 (x_{i+1}, y_{i+1}) 两点斜率的算术平均作为整个区间 $[x_i, x_{i+1}]$ 上的平均斜率，则得到

$$\begin{cases} y_{i+1} = y_i + \dfrac{1}{2}(K_1 + K_2), \\ K_1 = f(x_i, y_i), \\ K_2 = f(x_{i+1}, y_i + hK_1), \end{cases}$$

这显然是改进的欧拉公式（即梯形公式）。

在 $[x_i, x_{i+1}]$ 内取 x_i, x_{i+p}，$0 < p \leqslant 1$，将这两个点上的斜率值 K_1 与 K_2 的线性组合作为平均斜率 K^*。显然，$K_1 = f(x_i, y_i)$，而 $K_2 = f(x_{i+p}, y_{i+p})$，对于其中的 y_{i+p}，我们用欧拉公式来计算：

$$y_{i+p} = y_i + phf(x_i, y_i)。 \tag{6.18}$$

为此有

$$\begin{cases} y_{i+1} = y_i + h(\lambda_1 K_1 + \lambda_2 K_2), \\ K_1 = f(x_i, y_i), \\ K_2 = f(x_{i+p}, y_i + phK_1), \end{cases} \tag{6.19}$$

其中含有 3 个待定参数 λ_1、λ_2 和 p。确定这 3 个待定参数的原则是使得式（6.19）具有二阶精度。为此将 K_2 在点 (x_i, y_i) 作二元函数泰勒展开，得

$$K_2 = f_i + ph(f_x + ff_y)_i + \cdots$$

其中 $f_i = f(x_i, y_i)$，$(f_x + ff_y)_i = f_x(x_i, y_i) + f(x_i, y_i)f_y(x_i, y_i)$，将 K_1 和 K_2 代入式（6.19）中的第一式得

$$y_{i+1} = y_i + h(\lambda_1 + \lambda_2) f_i + h^2 p\lambda_2 (f_x + f f_y)_i + \cdots \qquad (6.20)$$

而 y_{i+1} 的泰勒级数展开为

$$y_{i+1} = y_i + h y'_i + \frac{h^2}{2} y''_i + \cdots \qquad (6.21)$$

通过比较式(6.20)和式(6.21)二者的系数得到 3 个待定参数 λ_1、λ_2 和 p 应满足的方程组为

$$\begin{cases} \lambda_1 + \lambda_2 = 1, \\ p\lambda_2 = \dfrac{1}{2}。 \end{cases} \qquad (6.22)$$

满足式(6.22)、形如式(6.19)的所有公式均称为二阶龙格-库塔公式。特别地,当 $\lambda_1 = \lambda_2 = \dfrac{1}{2}$ 和 $p=1$ 时,该式就是改进的欧拉公式;当 $\lambda_1 = 0, \lambda_2 = 1$ 和 $p = \dfrac{1}{2}$ 时,对应的公式为

$$\begin{cases} y_{i+1} = y_i + h K_2, \\ K_1 = f(x_i, y_i), \\ K_2 = f\left(x_i + \dfrac{h}{2}, y_i + \dfrac{h}{2} K_1\right), \end{cases} \qquad (6.23)$$

该式称为中点公式。

为提高精度,在 $[x_i, x_{i+1}]$ 内取 $x_i, x_{i+p}, x_{i+q}, 0 < p < q \leqslant 1$ 3 个点,用这 3 个点上的斜率值 K_1, K_2 和 K_3 的线性组合作为平均斜率 K^*。

显然,$K_1 = f(x_i, y_i)$, $K_2 = f(x_{i+p}, y_i + ph K_1)$,而 K_3 的预测值我们用公式 $K_3 = f(x_{n+q}, y_{n+q}) = f(x_i + qh, y_i + qh(rK_1 + sK_2))$ 来计算,从而得

$$\begin{cases} y_{i+1} = y_i + h(\lambda_1 K_1 + \lambda_2 K_2 + \lambda_3 K_3), \\ K_1 = f(x_i, y_i), \\ K_2 = f(x_i + ph, y_i + ph K_1), \\ K_3 = f(x_i + qh, y_i + qh(rK_1 + sK_2))。 \end{cases} \qquad (6.24)$$

为了确定式(6.24)中的待定参数 λ_1、λ_2、λ_3、p、q、r 和 s。我们同样将 K_1、K_2 和 K_3 作二元函数泰勒展开,代入式(6.24)中的第一个公式,整理后将其与 y_{i+1} 的三阶泰勒展开式的对应系数比较,得到待定参数应满足的条件:

$$\begin{cases} \lambda_1 + \lambda_2 + \lambda_3 = 1, \\ r + s = 1, \\ \lambda_2 p + \lambda_3 q = \dfrac{1}{2}, \\ \lambda_2 p^2 + \lambda_3 q^2 = \dfrac{1}{3}, \\ \lambda_3 pqs = \dfrac{1}{6}. \end{cases} \tag{6.25}$$

参数满足式(6.25)、形如式(6.24)的公式统称为三阶龙格-库塔公式,它也是一族公式。

当 $\lambda_1 = \dfrac{1}{6}, \lambda_2 = \dfrac{2}{3}, \lambda_3 = \dfrac{1}{6}, p = \dfrac{1}{2}, q = 1, r = -1$ 和 $s = 2$ 时,对应的公式为经典的三阶龙格-库塔公式:

$$\begin{cases} y_{i+1} = y_i + \dfrac{h}{6}(K_1 + 4K_2 + K_3), \\ K_1 = f(x_i, y_i), \\ K_2 = f(x_i + \dfrac{h}{2}, y_i + \dfrac{h}{2}K_1), \\ K_3 = f(x_i + h, y_i - hK_1 + 2hK_2). \end{cases}$$

用同样的方法可得龙格-库塔公式的一般表达式:

$$\begin{cases} y_{i+1} = y_i + h\sum_{i=1}^{k} \lambda_i K_i, \\ K_1 = f(x_i, y_i), \\ K_i = f\left(x_i + p_i h, y_i + h\sum_{j=1}^{i-1} r_{ij} K_j\right). \end{cases} \tag{6.26}$$

如果取 $r = 4$,用同样的方法可以得到四阶龙格-库塔公式。式(6.27)就是一个经典的四阶龙格-库塔公式:

$$\begin{cases} y_{i+1} = y_i + \dfrac{h}{6}(K_1 + 2K_2 + 2K_3 + K_4), \\ K_1 = f(x_i, y_i), \\ K_2 = f(x_i + \dfrac{h}{2}, y_i + \dfrac{h}{2}K_1), \\ K_3 = f(x_i + \dfrac{h}{2}, y_i + \dfrac{h}{2}K_3), \\ K_4 = f(x_i + h, y_i + hK_3). \end{cases} \tag{6.27}$$

6.2　确定常微分方程数值解的 Excel 模板的制作

本节介绍用欧拉法、改进的欧拉法和龙格-库塔法确定初值问题数值解的方法,以Excel求解为例介绍模板的制作过程。

例 6.1　求解初值问题:

$$\begin{cases} y' = y - 2\dfrac{x}{y}, \\ y(0) = 1, \end{cases} \quad 0 < x < 1。 \tag{6.28}$$

初值问题(6.28)的正确解为

$$y = \sqrt{1 + 2x}。 \tag{6.29}$$

我们将区间[0,1]分成 10 等分,令 $h = 0.1, x_i = x_0 + 0.1i (i = 0, 2, \cdots, 10)$。

首先打开一个 Excel 工作簿,在这个工作簿中打开 5 个工作表,分别命名为欧拉法、改进的欧拉法、二阶龙格-库塔法、三阶龙格-库塔法和四阶龙格-库塔法。在每一个工作表内完成相应的操作。

1. 欧拉法

由式(6.2)得到对应初值问题(6.28)的欧拉公式:

$$y_{i+1} = y_i + h\left(y_i - 2\dfrac{x_i}{y_i}\right), i = 0, 1, \cdots 10。 \tag{6.30}$$

下面的所有制作过程以图 6.1 为参考。

	A	B	C	D	E
1	*h*				
2	0.1				
3	*i*	x_i	y_i	$y(x_i)$	误差
4	0	0	1		
5	1	0.1	1.1	1.0954	0.0046
6	2	0.2	1.1918	1.1832	0.0086
7	3	0.3	1.2774	1.2649	0.0125
8	4	0.4	1.3582	1.3416	0.0166
9	5	0.5	1.4351	1.4142	0.0209
10	6	0.6	1.509	1.4832	0.0257
11	7	0.7	1.5803	1.5492	0.0311
12	8	0.8	1.6498	1.6125	0.0373
13	9	0.9	1.7178	1.6733	0.0445
14	10	1	1.7848	1.7321	0.0527

图 6.1　用欧拉法得到的数值解

第一步，输入步长和初始值。在单元格 A2 中输入步长"0.1"；在单元格 A4、B4 和 C4 中分别输入"0""0"和"1"。

第二步，输入计算公式和误差。在单元格 A5 和 B5 中分别输入"A4＋1"和"＝B4＋＄A＄2"；用式(6.30)在单元格 C5 中输入"＝C4＋＄A＄2＊(C4－2＊B4/C4)"；用式(6.29)在单元格 D5 中输入正确解的计算公式"＝SQRT(1＋2＊B5)"；在单元格 E5 中输入误差的计算公式"＝ABS(D5－C5)"。

第三步，填充。选中单元格区域 A5：E5，把鼠标指针移动到单元格 E5 的右下角，待其变为填充柄("＋"符号)时，按住鼠标左键向下拖动到单元格 E14，就得到区间[0,1]内 10 个点的数值解及其误差。

2. 改进的欧拉法

由式(6.15)得到对应初值问题(6.28)的改进的欧拉公式：

$$\begin{cases} y_{i+1}^{(0)} = y_i + h\left(y_i - 2\dfrac{x_i}{y_i}\right), \\ y_{i+1} = y_i + \dfrac{h}{2}\left[\left(y_i - 2\dfrac{x_i}{y_i}\right) + \left(y_{i+1}^{(0)} - 2\dfrac{x_{i+1}}{y_{i+1}^{(0)}}\right)\right], \end{cases} \quad i = 0,1,\cdots,10。 \quad (6.31)$$

下面的所有制作过程以图 6.2 为参考。

	A	B	C	D	E	F
1	h					
2	0.1					
3	i	x_i	$y_i^{(0)}$	y_i	$y(x_i)$	误差
4	0	0		1		
5	1	0.1	1.1	1.0959	1.0954	0.0005
6	2	0.2	1.1873	1.1841	1.1832	0.0009
7	3	0.3	1.2687	1.2662	1.2649	0.0013
8	4	0.4	1.3454	1.3434	1.3416	0.0017
9	5	0.5	1.4181	1.4164	1.4142	0.0022
10	6	0.6	1.4874	1.486	1.4832	0.0027
11	7	0.7	1.5538	1.5525	1.5492	0.0033
12	8	0.8	1.6176	1.6165	1.6125	0.004
13	9	0.9	1.6791	1.6782	1.6733	0.0048
14	10	1	1.7387	1.7379	1.7321	0.0058

图 6.2　用改进的欧拉法得到的数值解

第一步，输入步长和初始值。在单元格 A2 中输入步长"0.1"；在单元格 A4、B4 和 D4 中分别输入"0""0"和"1"。

第二步，输入计算公式和误差。在单元格 A5 和 B5 中分别输入"A4＋1"和"＝B4＋＄A＄2"；用式(6.31)在单元格 C5 和 D5 中分别输入计算 $y_1^{(0)}$ 和 y_1 的公式"＝D4＋＄A＄2＊(D4－2＊B4/D4)"和"＝D4＋＄A＄2/2＊((D4－2＊B4/D4)＋(C5－

2 * B5/C5))”；用式(6.29)在单元格 E5 中输入正确解的计算公式“＝SQRT(1＋2 *
B5)”；在单元格 F5 中输入误差的计算公式“＝ABS(D5－C5)”。

第三步，填充。选中单元格区域 A5:F5，把鼠标指针移动到单元格 F5 的右下
角，待其变为填充柄（“＋”符号）时，按住鼠标左键向下拖动到单元格 F14，就得到
区间[0,1]内 10 个点的数值解及其误差。

3. 二阶龙格-库塔法

由式(6.23)得到对应初值问题(6.28)的二阶龙格-库塔公式：

$$
\begin{cases}
K_1 = y_i - 2\dfrac{x_i}{y_i}, \\[2mm]
K_2 = y_i + \dfrac{h}{2}K_1 - 2\dfrac{x_i + \dfrac{h}{2}}{y_i + \dfrac{h}{2}K_1}, \quad i=0,1,\cdots,10。 \\[2mm]
y_{i+1} = y_i + hK_2,
\end{cases}
\tag{6.32}
$$

下面的所有制作过程以图 6.3 为参考。

	A	B	C	D	E	F	G
1	h						
2	0.1						
3	i	x_i	K_1	K_2	y_i	$y(x_i)$	误差
4	0	0			1		
5	1	0.1	1	0.9548	1.0955	1.0954	3E-05
6	2	0.2	0.9129	0.8782	1.1833	1.1832	8E-05
7	3	0.3	0.8453	0.8176	1.2651	1.2649	0.0001
8	4	0.4	0.7908	0.768	1.3419	1.3416	0.0002
9	5	0.5	0.7457	0.7266	1.4145	1.4142	0.0003
10	6	0.6	0.7076	0.6912	1.4836	1.4832	0.0004
11	7	0.7	0.6748	0.6606	1.5497	1.5492	0.0005
12	8	0.8	0.6463	0.6339	1.6131	1.6125	0.0006
13	9	0.9	0.6212	0.6102	1.6741	1.6733	0.0008
14	10	1	0.5989	0.5891	1.733	1.7321	0.001

图 6.3　用二阶龙格-库塔法得到的数值解

第一步，输入步长和初始值。在单元格 A2 中输入步长“0.1”；在单元格 A4、
B4 和 E4 中分别输入“0”“0”和“1”。

第二步，输入计算公式和误差。在单元格 A5 和 B5 中分别输入“A4＋1”和“＝
B4＋＄A＄2”；用式(6.32)在单元格 C5、D5 和 E5 中分别输入计算 K_1,K_{12} 和 y_1 的
公式“＝E4－2 * B4/E4”“＝(E4＋＄A＄2/2 * C5)－2 * (B4＋＄A＄2/2)/(E4＋＄A
＄2/2 * C5)”和“＝E4＋＄A＄2 * D5”；用式(6.29)在单元格 F5 中输入正确解的计

算公式"＝SQRT（1＋2＊B5）"；在单元格 G5 中输入误差的计算公式"＝ABS（D5－C5）"。

第三步，填充。选中单元格区域 A5：G5，把鼠标指针移动到 G5 的右下角，待其变为填充柄（"＋"符号）时，按住鼠标左键向下拖动到单元格 G14，得到区间 [0,1] 内 10 个点的数值解及其误差。

4. 三阶龙格-库塔法

由式（6.25）得到对应初值问题（6.28）的三阶龙格-库塔公式：

$$
\begin{cases}
K_1 = y_i - 2\dfrac{x_i}{y_i}, \\[2mm]
K_2 = y_i + \dfrac{h}{2}K_1 - 2\dfrac{x_i + \dfrac{h}{2}}{y_i + \dfrac{h}{2}K_1}, \\[2mm]
K_3 = y_i - hK_1 + 2hK_2 - 2\dfrac{x_i + h}{y_i - hK_1 + 2hK_2}, \\[2mm]
y_{i+1} = y_i + \dfrac{h}{6}(K_1 + 4K_2 + K_3),
\end{cases}
\qquad i = 0, 1, \cdots, 10 。 \quad (6.33)
$$

下面的所有制作过程以图 6.4 为参考。

	A	B	C	D	E	F	G	H
1	*h*							
2	0.1							
3	*i*	x_i	K_1	K_2	K_3	y_i	$y(x_i)$	误差
4	0	0				1		
5	1	0.1	1	0.9548	0.9076	1.0954	1.0954	5.49E-07
6	2	0.2	0.9129	0.8782	0.8408	1.1832	1.1832	1.05E-06
7	3	0.3	0.8452	0.8175	0.7868	1.2649	1.2649	3.73E-06
8	4	0.4	0.7906	0.7678	0.7421	1.3416	1.3416	7.12E-06
9	5	0.5	0.7454	0.7262	0.7043	1.4142	1.4142	1.11E-05
10	6	0.6	0.7071	0.6907	0.6718	1.4833	1.4832	1.57E-05
11	7	0.7	0.6742	0.66	0.6433	1.5492	1.5492	2.11E-05
12	8	0.8	0.6455	0.633	0.6183	1.6125	1.6125	2.72E-05
13	9	0.9	0.6202	0.6091	0.5959	1.6734	1.6733	3.44E-05
14	10	1	0.5977	0.5877	0.5758	1.7321	1.7321	4.28E-05

图 6.4　用三阶龙格-库塔法得到的数值解

第一步，输入步长和初始值。在单元格 A2 中输入步长"0.1"；在单元格 A4、B4 和 F4 中分别输入"0""0"和"1"。

第二步，输入计算公式和误差。在单元格 A5 和 B5 中分别输入"A4＋1"和"＝B4＋＄A＄2"；用式（6.33）在单元格 C5、D5、E5 和 F5 中分别输入计算 K_1, K_2,

K_3 和 y_1 的公式"＝F4－2＊B4/F4""＝(F4＋＄A＄2/2＊C5)－2＊(B4＋＄A＄2/2)/(F4＋＄A＄2/2＊C5)""＝(F4－＄A＄2＊C5＋2＊＄A＄2＊D5)－2＊(B4＋＄A＄2)/(F4－＄A＄2＊C5＋2＊＄A＄2＊D5)"和"＝F4＋＄A＄2/6＊(C5＋4＊D5＋E5)";用式(6.29)在单元格 G5 中输入正确解的计算公式"＝SQRT(1＋2＊B5)";在单元格 H5 中输入误差的计算公式"＝ABS(D5－C5)"。

第三步,填充。选中单元格区域 A5:H5,把鼠标指针移动到单元格 H5 的右下角,待其变为填充柄("＋"符号)时,按住鼠标左键向下拖动到单元格 H14,就得到区间[0,1]内 10 个点的数值解及其误差。

5. 四阶龙格-库塔法

由式(6.27)得到对应初值问题(6.28)的三阶龙格-库塔公式:

$$\begin{cases} K_1 = y_i - 2\dfrac{x_i}{y_i}, \\[2mm] K_2 = y_i + \dfrac{h}{2}K_1 - 2\dfrac{x_i + \dfrac{h}{2}}{y_i + \dfrac{h}{2}K_1}, \\[2mm] K_3 = y_i + \dfrac{h}{2}K_2 - 2\dfrac{x_i + \dfrac{h}{2}}{y_i + \dfrac{h}{2}K_2}, \qquad i = 0,1,\cdots,10。 \\[2mm] K_4 = y_i + hK_3 - 2\dfrac{x_i + h}{y_i + hK_3}, \\[2mm] y_{i+1} = y_i + \dfrac{h}{6}(K_1 + 2K_2 + 2K_3 + K_4), \end{cases} \tag{6.34}$$

下面的所有制作过程以图 6.5 为参考。

第一步,输入步长和初始值。在单元格 A2 中输入步长"0.1";在单元格 A4、B4 和 F4 中分别输入"0""0"和"1"。

第二步,输入计算公式和误差。在单元格 A5 和 B5 中分别输入"A4＋1"和"＝B4＋＄A＄2";用式(6.34)在单元格 C5、D5、E5 和 F5 中分别输入计算 K_1, K_2, K_3, K_4 和 y_1 的公式"＝F4－2＊B4/F4""＝(F4＋＄A＄2/2＊C5)－2＊(B4＋＄A＄2/2)/(F4＋＄A＄2/2＊C5)""＝(F4－＄A＄2＊C5＋2＊＄A＄2＊D5)－2＊(B4＋＄A＄2)/(F4－＄A＄2＊C5＋2＊＄A＄2＊D5)"和"＝F4＋＄A＄2/6＊(C5＋4＊D5＋E5)";用式(6.29)在单元格 H5 中输入正确解的计算公式"＝SQRT(1＋2＊B5)";在单元格 I5 中输入误差的计算公式"＝ABS(D5－C5)"。

第三步,填充。选中单元格区域 A5:I5,把鼠标指针移动到单元格 I5 的右下角,待变为填充柄("➕"符号)时,按住鼠标左键,向下拖动到单元格 I14,就得到区间[0,1]内 10 个点的数值解及其误差。

	A	B	C	D	E	F	G	H	I
1	h								
2	0.1								
3	i	x_i	K_1	K_2	K_3	K_4	y_i	$y(x_i)$	误差
4	0	0					1		
5	1	0.1	1	0.9548	0.9523	0.912619	1.0954	1.0954	4E-07
6	2	0.2	0.9129	0.8782	0.876	0.844941	1.1832	1.1832	8E-07
7	3	0.3	0.8452	0.8175	0.8156	0.790388	1.2649	1.2649	1E-06
8	4	0.4	0.7906	0.7678	0.7662	0.7452	1.3416	1.3416	2E-06
9	5	0.5	0.7454	0.7262	0.7248	0.706972	1.4142	1.4142	2E-06
10	6	0.6	0.7071	0.6907	0.6895	0.674082	1.4832	1.4832	3E-06
11	7	0.7	0.6742	0.66	0.6589	0.645394	1.5492	1.5492	3E-06
12	8	0.8	0.6455	0.633	0.632	0.620083	1.6125	1.6125	4E-06
13	9	0.9	0.6202	0.6091	0.6082	0.597534	1.6733	1.6733	5E-06
14	10	1	0.5976	0.5877	0.5868	0.57728	1.7321	1.7321	6E-06

图 6.5   用四阶龙格-库塔法得到的数值解

6. 误差比较图的绘制

在一个直角坐标系内绘制 5 种方法的误差比较图,横坐标为自变量 x,纵坐标为误差,如图 6.6 所示,从图中可以观察到各方法的误差比价和优劣性。

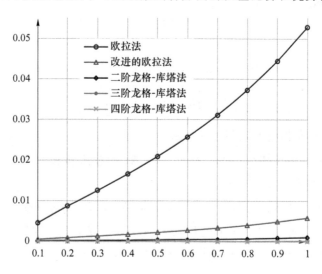

图 6.6   5 种方法的误差比较图

第 7 章　用 Excel 求解线性方程组

考虑线性方程组：

$$\begin{cases} a_{11}x_1 + a_{12}x_2 + \cdots + a_{1n}x_n = b_1, \\ a_{21}x_1 + a_{22}x_2 + \cdots + a_{2n}x_n = b_2, \\ \qquad\qquad\qquad\vdots \\ a_{n1}x_1 + a_{n2}x_2 + \cdots + a_{nn}x_n = b_n. \end{cases} \tag{7.1}$$

令 $\boldsymbol{A} = \begin{pmatrix} a_{11} & a_{12} & \cdots & a_{1n} \\ a_{21} & a_{22} & \cdots & a_{2n} \\ \vdots & \vdots & & \vdots \\ a_{m1} & a_{m2} & \cdots & a_{mn} \end{pmatrix}$，$\boldsymbol{x} = \begin{pmatrix} x_1 \\ x_2 \\ \vdots \\ x_n \end{pmatrix}$，$\boldsymbol{b} = \begin{pmatrix} b_1 \\ b_2 \\ \vdots \\ b_{mn} \end{pmatrix}$，则其矩阵形式为

$$\boldsymbol{Ax} = \boldsymbol{b} \tag{7.2}$$

7.1　正　确　解

1. 克莱默(Cramer)法则

如果线性方程组(7.1)的系数行列式 $|\boldsymbol{A}|$ 不等于零，即 $|\boldsymbol{A}| \neq 0$，那么线性方程组(7.1)有解，并且解是唯一的，解可以表示为

$$x_1 = \frac{|\boldsymbol{A}_1|}{|\boldsymbol{A}|},\ x_2 = \frac{|\boldsymbol{A}_2|}{|\boldsymbol{A}|},\ \cdots,\ x_n = \frac{|\boldsymbol{A}_n|}{|\boldsymbol{A}|}, \tag{7.3}$$

其中 $|\boldsymbol{A}_j|$ 是把系数行列式 $|\boldsymbol{A}|$ 中第 j 列的元素用方程组右端的常数项代替后所得到的 n 阶行列式，即

$$|\boldsymbol{A}_j| = \begin{vmatrix} a_{11} & \cdots & a_{1,j-1} & b_1 & a_{1,j+1} & \cdots & a_{1n} \\ a_{21} & \cdots & a_{2,j-1} & b_2 & a_{2,j+2} & \cdots & a_{2n} \\ \vdots & & \vdots & \vdots & \vdots & & \vdots \\ a_{n1} & \cdots & a_{n,j-1} & b_n & a_{n,j+1} & \cdots & a_{nn} \end{vmatrix},$$

但当 $n>20$ 时,克莱默法则计算量太大。

2. 矩阵方法

如果线性方程组(7.1)的系数行列式 $|\boldsymbol{A}|$ 不等于零,即系数矩阵 $\boldsymbol{A}$ 可逆,则方程组的解为

$$\boldsymbol{x} = \boldsymbol{A}^{-1} \boldsymbol{b}。 \tag{7.4}$$

7.2 数 值 解

将方程(7.2)改写成等价形式:

$$\boldsymbol{x} = \boldsymbol{B}\boldsymbol{x} + \boldsymbol{f}。 \tag{7.5}$$

则给定一个初始向量 $\boldsymbol{x}^{(0)}$,可以得到迭代公式:

$$\boldsymbol{x}^{(k+1)} = \boldsymbol{B}\boldsymbol{x}^{(k)} + \boldsymbol{f}, \quad k = 0, 1, \cdots。 \tag{7.6}$$

若式(7.6)确定的向量序列 $\{\boldsymbol{x}^{(k)}\}$ 收敛于 x,则 $\boldsymbol{x}$ 显然是方程(7.5)的解,从而是方程组(7.1)的解。

形如式(7.6)的逐次逼近的方法称为简单迭代法,$\boldsymbol{B}$ 称为该迭代法的迭代矩阵。

1. 雅可比(Jacobi)迭代法

当 $a_{ii} \neq 0$ 时,方程组(7.1)可改写为

$$\begin{cases} x_1 = \dfrac{1}{a_{11}}(b_1 - a_{12}x_2 - a_{13}x_3 - \cdots - a_{1n}x_n), \\ x_2 = \dfrac{1}{a_{22}}(b_2 - a_{21}x_2 - a_{23}x_3 - \cdots - a_{2n}x_n), \\ \qquad\qquad \vdots \\ x_n = \dfrac{1}{a_{nn}}(b_n - a_{n1}x_2 - a_{n2}x_3 - \cdots - a_{n,n-1}x_n)。 \end{cases}$$

建立迭代格式:

$$\begin{cases} x_1^{(k+1)} = \dfrac{1}{a_{11}}(b_1 - a_{12}x_2^{(k)} - a_{13}x_3^{(k)} - \cdots - a_{1n}x_n^{(k)}), \\[2mm] x_2^{(k+1)} = \dfrac{1}{a_{22}}(b_2 - a_{21}x_1^{(k)} - a_{23}x_3^{(k)} - \cdots - a_{2n}x_n^{(k)}), \\[2mm] \qquad\qquad \vdots \\[2mm] x_n^{(k+1)} = \dfrac{1}{a_{nn}}(b_n - a_{n1}x_1^{(k)} - a_{n2}x_2^{(k)} - \cdots - a_{n,n-1}x_{n-1}^{(k)})。 \end{cases} \tag{7.7}$$

式(7.7)可以缩写为

$$x_i^{(k+1)} = \frac{1}{a_{ii}}\Big(b_i - \sum_{j=1}^{i-1} a_{ij}x_j^{(k)} - \sum_{j=i+1}^{n} a_{ij}x_j^{(k)}\Big), \quad i = 1, 2, \cdots, n。 \tag{7.8}$$

把系数矩阵 $\boldsymbol{A}$ 分解成 $\boldsymbol{A} = \boldsymbol{DLU}$,其中

$$\boldsymbol{D} = \mathrm{diag}(a_{11}, a_{22}, \cdots, a_{nn}),$$

$$\boldsymbol{L} = -\begin{pmatrix} 0 & & & \\ a_{21} & 0 & & \\ \vdots & \ddots & \ddots & \\ a_{n1} & \cdots & a_{n,n-1} & 0 \end{pmatrix},$$

$$\boldsymbol{U} = -\begin{pmatrix} 0 & a_{12} & \cdots & a_{1n} \\ & 0 & \ddots & \vdots \\ & & \ddots & a_{n-1,n} \\ & & & 0 \end{pmatrix},$$

则迭代公式(7.7)的矩阵形式为

$$\boldsymbol{x}^{(k+1)} = \boldsymbol{D}^{-1}(\boldsymbol{L}+\boldsymbol{U})\boldsymbol{x}^{(k)} + \boldsymbol{D}^{-1}\boldsymbol{b}, \quad k = 1, 2, \cdots。 \tag{7.9}$$

2. 高斯-塞德尔(Gauss-Seidel)迭代法

高斯-塞德尔迭代法是对雅可比迭代法的修正,把初始值 $x_1^{(0)}, x_2^{(0)}, \cdots, x_n^{(0)}$ 代入雅可比迭代公式解得 $x_1^{(1)}$;把 $x_1^{(1)}, x_2^{(0)}, \cdots, x_n^{(0)}$ 代入雅可比迭代公式解得 $x_2^{(1)}$,同理,把 $x_1^{(1)}, x_2^{(1)}, x_3^{(0)}, \cdots, x_n^{(0)}$ 代入雅可比迭代公式解得 $x_3^{(1)}$;以此类推,把 $x_1^{(1)}, x_2^{(1)}, \cdots, x_{n-1}^{(1)}, x_n^{(0)}$ 代入雅可比迭代公式解得 $x_n^{(1)}$。

建立迭代格式:

$$\begin{cases} x_1^{(k+1)} = \dfrac{1}{a_{11}}(b_1 - a_{12}x_2^{(k)} - a_{13}x_3^{(k)} - a_{14}x_4^{(k)} - \cdots - a_{1n}x_n^{(k)}), \\[2mm] x_2^{(k+1)} = \dfrac{1}{a_{22}}(b_2 - a_{21}x_1^{(k+1)} - a_{23}x_3^{(k)} - a_{24}x_4^{(k)} - \cdots - a_{2n}x_n^{(k)}), \\[2mm] x_3^{(k+1)} = \dfrac{1}{a_{33}}(b_3 - a_{31}x_1^{(k+1)} - a_{32}x_2^{(k+1)} - a_{34}x_4^{(k)} - \cdots - a_{3n}x_n^{(k)}), \\[2mm] \qquad\qquad \vdots \\[2mm] x_n^{(k+1)} = \dfrac{1}{a_{nn}}(b_n - a_{n1}x_1^{(k+1)} - a_{n2}x_2^{(k+1)} - a_{n3}x_3^{(k+1)} - \cdots - a_{n,n-1}x_{n-1}^{(k+1)})。 \end{cases} \tag{7.10}$$

式(7.10)可以缩写为

$$x_i^{(k+1)} = \frac{1}{a_{ii}}\left(b_i - \sum_{j=1}^{i-1} a_{ij} x_j^{(k+1)} - \sum_{j=i+1}^{n} a_{ij} x_j^{(k)}\right), \quad i=1,2,\cdots,n。 \quad (7.11)$$

迭代公式(7.11)的矩阵形式为

$$\boldsymbol{x}^{(k+1)} = -(\boldsymbol{D}+\boldsymbol{L})^{-1}\boldsymbol{U}\boldsymbol{x}^{(k)} + (\boldsymbol{D}+\boldsymbol{L})^{-1}\boldsymbol{b}, \quad k=1,2,\cdots。 \quad (7.12)$$

3. 逐次超松弛(Successive Over Relaxationor, SOR)迭代法

逐次超松弛迭代法简称 SOR 迭代法,它是在高斯-塞德尔迭代法基础上为提高收敛速度,采用加权平均而得到的新算法。逐次超松弛迭代法对 $\boldsymbol{x}^{(k)}$ 与高斯-塞德尔迭代法得到的 $\boldsymbol{x}^{(k+1)}$ 加权求和,从而得到

$$x_i^{(k+1)} = x_i^{(k)} + \omega x_i^{(k+1)}, \quad i=1,2,\cdots,n, \quad (7.13)$$

其中 $\omega > 0$,称为松弛参数,将其代入高斯-塞德尔迭代法,得

$$x_i^{(k+1)} = x_i^{(k)} + \frac{\omega}{a_{ii}}\left(b_i - \sum_{j=1}^{i-1} a_{ij} x_j^{(k+1)} - \sum_{j=i}^{n} a_{ij} x_j^{(k)}\right), \quad i=1,2,\cdots,n。 (7.14)$$

式(7.14)称为逐次超松弛迭代法,其中的 $\omega > 0$ 称为松弛参数,当 $\omega = 1$ 时,式(7.4)变为高斯-塞德尔迭代法。

式(7.14)的矩阵形式为

$$\boldsymbol{x}^{(k+1)} = \boldsymbol{x}^{(k)} + \omega \boldsymbol{D}^{-1}(\boldsymbol{b} - \boldsymbol{L}\boldsymbol{x}^{(k+1)} - \boldsymbol{U}\boldsymbol{x}^{(k)}), \quad k=1,2,\cdots。 \quad (7.15)$$

7.3　Excel 模板的制作

本节以求解一个四元线性方程组的正确解和数值解为例介绍模板的制作过程。

例 7.1　求解下列线性方程组

$$\begin{cases} -4x_1 + x_2 + x_3 + x_4 = 1, \\ x_1 - 4x_2 + x_3 + x_4 = 1, \\ x_1 + x_2 - 4x_3 + x_4 = 1, \\ x_1 + x_2 + x_3 - 4x_4 = 1 \end{cases} \quad (7.16)$$

的正确解和数值解。

首先打开一个 Excel 工作簿,在这个工作簿中打开 4 个工作表,分别命名为正确解、雅克比迭代法、高斯-赛德尔迭代法和逐次超松弛迭代法。在每一个工作表内完成相应的操作。

1. 制作确定正确解的模板

下面的所有制作过程以图 7.1 为参考。

	A	B	C	D	E	F	G	H	I	J
1		*A*			$|A|$	*b*				
2	-4	1	1	1	125	1				
3	1	-4	1	1		1				
4	1	1	-4	1		1				
5	1	1	1	-4		1				
6										
7		A_1			$|A_1|$		A_2			$|A_2|$
8	1	1	1	1	-125	-4	1	1	1	-125
9	1	-4	1	1		1	1	1	1	
10	1	1	-4	1		1	1	-4	1	
11	1	1	1	-4		1	1	1	-4	
12		A_3			$|A_3|$		A_4			$|A_4|$
13	-4	1	1	1	-125	-4	1	1	1	-125
14	1	-4	1	1		1	-4	1	1	
15	1	1	1	1		1	1	-4	1	
16	1	1	1	-4		1	1	1	1	
17										
18		A^{-1}					*x*			
19	-0.4	-0.2	-0.2	-0.2		A_1/A	A_2/A	A_3/A	A_4/A	
20	-0.2	-0.4	-0.2	-0.2		-1	-1	-1	-1	
21	-0.2	-0.2	-0.4	-0.2			$x=A^{-1}b$			
22	-0.2	-0.2	-0.2	-0.4		-1	-1	-1		

图 7.1　正确解

第一步,输入系数矩阵和常数项。在单元格区域 A2:D5 中输入系数矩阵的元素;在单元格区域 F2:F5 中输入常数项的元素。

第二步,生成矩阵 $A_i(i=1,2,\cdots,n)$。选中单元格区域 A8:A11 并输入“=F2:F5”,同时按“Ctrl+Shift+Enter”键确认;选中单元格区域 B8:D11 并输入“=B2:D5”,同时按“Ctrl+Shift+Enter”键确认,完成 A_1 的生成。选中单元格区域 F8:F11 并输入“=A2:A5”,同时按“Ctrl+Shift+Enter”键确认;选中单元格区域 G7:G11 输入“=F2:F5”,同时按“Ctrl+Shift+Enter”键确认;选中单元格区域 H8:I11 输入“=C2:D5”,同时按“Ctrl+Shift+Enter”键确认,完成 A_2 的生成。用类似的方法生成 A_3 和 A_4。

第三步,计算矩阵的行列式。在单元格 E2、E8、J8、E13 和 J13 中分别输入“=MDETERM(A2:D5)”“=MDETERM(A8:D11)”“=MDETERM(F8:I11)”“=MDETERM(A13:D16)”和“=MDETERM(F13:I16)”。

第四步,确定方程组的解。在单元格 F20、G20、H20 和 I20 中分别输入“=E8/E2”“=J8/E2”“=E13/E2”和“=J13/E2”,以此得到方程的正确解。

第五步,求系数矩阵的逆矩阵。选中单元格区域 A19:D22 并输入“=MIN-

VERSE(A2:D5)"，同时按"Ctrl＋Shift＋Enter"键确认，得到系数矩阵的逆矩阵。

第六步，确定方程组的解。选中单元格区域 F22:I22 并输入"＝TRANSPOSE(MMULT(A19:D22,F2:F5))"，同时按"Ctrl＋Shift＋Enter"键确认，得到方程的正确解。

在本模板中只要系数矩阵的行列式不为零，对模板中的系数矩阵和常数项进行相应地修改，就可以得出相应方程的解。

2. 制作确定数值解的模板

在这个数值计算中计算停止的标准统一为 $\| x^{(k+1)} - x^{(k)} \| < 1 \times 10^5$。

（1）雅可比迭代法

下面的所有制作过程以图 7.2 为参考。

	A	B	C	D	E	F	G
1				*A*		*b*	
2		-4	1	1	1	1	
3		1	-4	1	1	1	
4		1	1	-4	1	1	
5		1	1	1	-4	1	
6							
7	*k*	x_1	x_2	x_3	x_4		
8	0	0	0	0	0		
9	1	-0.25	-0.25	-0.25	-0.25	0.25	继续
10	2	-0.4375	-0.4375	-0.4375	-0.438	0.1875	继续
				⋮			
44	36	-0.9999682	-0.9999682	-0.9999682	-1	1.059E-05	继续
45	37	-0.9999762	-0.9999762	-0.9999762	-1	7.946E-06	停止

图 7.2　用雅可比迭代法所得的数值解

第一步，输入系数矩阵、常数项和初始值。在单元格区域 B2:E5 中输入系数矩阵的元素；在单元格区域 F2:F5 中输入常数项的元素；在单元格区域 B8:E8 中输入初始值。

第二步，输入迭代公式和迭代停止控制选项。在单元格 A9 中输入"A9＋1"；在单元格 B9、C9、D9 和 E9 中用式(7.7)分别输入"＝($G$2－$C$2*C8－$D$2*D8－$E$2*E8)/$B$2""＝($G$3－$B$3*B9－$D$3*D8－$E$3*E8)/$C$3""＝($G$4－$B$4*B9－$C$4*C9－$E$4*E8)/$D$4"和"＝($G$5－$B$5*B9－$C$5*C9－$D$5*D9)/$E$5"；在单元格 F9 中输入误差计算公式"＝MAX(ABS(B8:E8－B9:E9))"同时按"Ctrl＋Shift＋Enter"键确认；在单元格 G9 中输入迭代控制公式"＝IF(F9＞0.00001,"继续","停止")"。

第三步,确定数值解。选中单元格区域 A9:G9,把鼠标指针移动到单元格 G9 的右下角,待其变为填充柄("+"符号)时,按住鼠标左键向下拖动到单元格列 G 上出现"停止"为止,此时出现"停止"所对应的单元格区域 B:E 内的值满足所要求的精度的数值解。

(2) 高斯-赛德尔迭代法

下面的所有制作过程以图 7.3 为参考。

第一步,输入系数矩阵、常数项和初始值。在单元格区域 B2:E5 和 G2:G5 中分别输入系数矩阵和常数项的元素。

第二步,输入迭代公式和迭代停止控制选项。在单元格 A9 中输入"A9+1";在单元格 B9、C9、D9 和 E9 中用式(7.10)分别输入"=($G$2－$C$2*C8－$D$2*D8－$E$2*E8)/$B$2""=($G$3－$B$3*B8－$D$3*D8－$E$3*E8)/$C$3""=($G$4－$B$4*B8－$C$4*C8－$E$4*E8)/$D$4"和"=($G$5－$B$5*B8－$C$5*C8－$D$5*D8)/$E$5";在单元格 F9 中输入误差计算公式"=MAX(ABS(B8:E8－B9:E9))",同时按"Ctrl+Shift+Enter"键确认;在单元格 G9 中输入迭代控制公式"=IF(F9>0.00001,"继续","停止")"。

第三步,确定数值解。选中单元格区域 A9:G9,把鼠标指针移动到单元格 G9 的右下角,待其变为填充柄("+"符号)时,按住鼠标左键向下拖动到单元格列 G 上出现"停止"为止,此时出现"停止"所对应的单元格区域 B:E 内的值满足所要求的精度的数值解。

	A	B	C	D	E	F	G
1				A		b	
2		-4	1	1	1	1	
3		1	-4	1	1	1	
4		1	1	-4	1	1	
5		1	1	1	-4	1	
6							
7	k	x_1	x_2	x_3	x_4		
8	0	0	0	0	0	0	
9	1	-0.25	-0.3125	-0.390625	-0.488281	0.48828125	继续
10	2	-0.5478516	-0.606689	-0.6607056	-0.703812	0.297851563	继续
				⋮			
28	20	-0.9999818	-0.999984	-0.9999863	-0.999988	1.37052E-05	继续
29	21	-0.9999896	-0.999991	-0.9999922	-0.999993	7.81119E-06	停止

图 7.3　用高斯-赛德尔迭代法所得的数值解

（3）逐次超松弛迭代法

下面的所有制作过程以图 7.4 为参考。

第一步，输入系数矩阵、常数项和初始值。在单元格区域 B2：E5 和 F2：F5 中分别输入系数矩阵和常数项的元素，在单元格 G2 中输入超松弛系数。

第二步，输入迭代公式和迭代停止控制选项。在单元格 A9 中输入"A9＋1"；在单元格 B9、C9、D9 和 E9 中用式(7.14)分别输入"＝B8＋（＄F＄2－＄B＄2＊B8－＄C＄2＊C8－＄D＄2＊D8－＄E＄2＊E8）＊＄G＄2/＄B＄2""＝C8＋（＄F＄3－＄B＄3＊B9－＄C＄3＊C8－＄D＄3＊D8－＄E＄3＊E8）＊＄G＄2/＄C＄3""＝D8＋（＄F＄4－＄B＄4＊B9－＄C＄4＊C9－＄D＄4＊D8－＄E＄4＊E8）＊＄G＄2/＄D＄4"和"＝E8＋（＄F＄5－＄B＄5＊B9－＄C＄5＊C9－＄D＄5＊D9－＄E＄5＊E8）＊＄G＄2/＄E＄5"；在单元格 F9 中输入计算误差公式"＝MAX(ABS(B8:E8－B9:E9))"，同时按"Ctrl＋Shift＋Enter"键确认；在单元格 G9 中输入迭代控制公式"＝IF(F9＞0.00001,"继续","停止")"。

第三步，确定数值解。选中单元格区域 A9：G9，把鼠标指针移动到单元格 G9 的右下角，待其变为填充柄（"＋"符号）时，按住鼠标左键，向下拖动到在单元格列 G 上出现"停止"为止，此时单元格区域 B：E 内的值就是满足精度要求 $|x^{(k)}-x^{(k-1)}|<$ 0.00001 的数值解。

	A	B	C	D	E	F	G
1				*A*			*b*	ω
2		-4	1	1	1	1	1.3
3		1	-4	1	1	1	
4		1	1	-4	1	1	
5		1	1	1	-4	1	
6							
7	*k*	x_1	x_2	x_3	x_4		
8	0	0	0	0	0	0	
9	1	-0.325	-0.430625	-0.5705781	-0.756016	0.756016016	继续
10	2	-0.7985962	-0.886499	-0.9471878	-0.953687	0.473596221	继续
				⋮			
19	11	-0.9999967	-1.000003	-0.9999995	-0.999999	1.10836E-05	继续
20	12	-1.0000015	-0.999999	-1.0000001	-1.000001	4.84635E-06	停止

图 7.4　用逐次超松弛迭代法所得的数值解

（4）收敛速度比较图的绘制

在直角坐标系内绘制 3 种迭代法的收敛速度比较图，横坐标为迭代次数，纵坐标为误差，如图 7.5 所示。

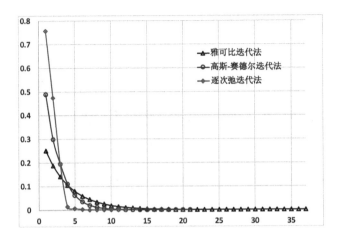

图 7.5　3 种迭代法的收敛速度比较

第 8 章 用 Excel 求解偏微分方程

8.1 差分格式构造的基本思路

差分法是数值计算方法中微分以及偏微分导数的一种离散化方法,即用相邻两个或者多个数值点的差分代替偏微分方程中导数或者偏导数的一种方法。构造差分格式有多种方法,本书中利用泰勒级数展开来构造差分格式。

如果一个函数 $f(x)$ 在 $x=x_0$ 的某个领域内具有 $n+1$ 阶导数,那么其在 $x=x_0$ 处函数的泰勒级数展开式为

$$f(x) = \sum_{k=1}^{n} \frac{1}{n!} f^{(n)}(x_0)(x-x_0)^n f + R_n(x), \tag{8.1}$$

其中 $R_n(x) = \frac{1}{(n+1)!} f^{(n+1)}(\xi)(x-x_0)^{n+1}$,$\xi$ 是 x_0 与 x 之间的一个点。

对函数 $f(x,t)$ 而言,把 x 看成固定数,函数 $f(x,t)$ 在 $t=t_0$ 处用泰勒级数展开得

$$f(x,t) = f(x,t_0) + \frac{\partial f}{\partial t}(x,t_0)(t-t_0) + \frac{1}{2!}\frac{\partial^2 f}{\partial t^2}(x,t_0)(t-t_0)^2 + R_2(x,t) \tag{8.2}$$

设 $t_0=t_n, t=t_{n+1}, \tau=t_{n+1}-t_n, x=x_j$(固定),则式(8.2)变为

$$f(x_j,t_{n+1}) = f(x_j,t_n) + \frac{\partial f}{\partial t}(x_j,t_n)\tau + \frac{1}{2!}\frac{\partial^2 f}{\partial t^2}(x_j,t_n)\tau^2 + R_2(x_j,t)。 \tag{8.3}$$

在式(8.3)中,当 $\tau \to 0$ 时,$\frac{1}{2!}\frac{\partial^2 f}{\partial t^2}(x_j,t_n)\tau^2 + R_2(x_j,t)$ 是关于 τ 的高级无穷小量,因此 $\frac{\partial f}{\partial t}(x_j,t_n)\tau \approx f(x_j,t_{n+1}) - f(x_j,t_n)$,从而有

$$\frac{\partial f}{\partial t}(x_j,t_n) \approx \frac{f(x_j,t_{n+1})-f(x_j,t_n)}{\tau}。 \tag{8.4}$$

式(8.4)称为 $f(x,t)$ 对 t 偏导数的向前差分。

同理,把 x 看成固定数,将 $f(x_j,t_{n-1})$ 在 $t=t_n$ 处展开泰勒级数可得

$$f(x_j,t_{n-1})=f(x_j,t_n)-\frac{\partial f}{\partial t}(x_j,t_n)\tau+\frac{1}{2!}\frac{\partial^2 f}{\partial t^2}(x_j,t_n)\tau^2+R_2(x_j,t)。 \tag{8.5}$$

在式(8.5)中,当 $\tau \to 0$ 时, $\frac{1}{2!}\frac{\partial^2 f}{\partial t^2}(x_j,t_n)\tau^2+R_2(x)$ 是关于 τ 的高级无穷小量,因此 $\frac{\partial f}{\partial t}(x_j,t_n)\tau \approx f(x_j,t_n)-f(x_j,t_{n-1})$,从而有

$$\frac{\partial f}{\partial t}(x_j,t_n) \approx \frac{f(x_j,t_n)-f(x_j,t_{n-1})}{\tau}。 \tag{8.6}$$

式(8.6)称为 $f(x,t)$ 对 t 偏导数的向后差分。

将式(8.4)和式(8.6)相加,整理可得

$$\frac{\partial f}{\partial t}(x_j,t_n) \approx \frac{f(x_j,t_{n+1})-f(x_j,t_{n-1})}{2\tau}。 \tag{8.7}$$

式(8.7)称为 $f(x,t)$ 对 t 偏导数的中心差分。

将式(8.3)和式(8.5)相加,整理可得

$$\frac{\partial^2 f}{\partial t^2}(x_j,t_n) \approx \frac{f(x_j,t_{n+1})-2f(x_j,t_n)+f(x_j,t_{n-1})}{\tau^2}。 \tag{8.8}$$

式(8.8)称为 $f(x,t)$ 对 t 二阶偏导数的中心差分。

利用同样的方法可得函数 $f(x,t)$ 对 x 偏导数的向前、向后和中心差分格式:

$$\frac{\partial f}{\partial x}(x_j,t_n) \approx \frac{f(x_{j+1},t_n)-f(x_j,t_n)}{h}, \tag{8.9}$$

$$\frac{\partial f}{\partial t}(x_j,t_n) \approx \frac{f(x_j,t_n)-f(x_{j-1},t_n)}{h}, \tag{8.10}$$

$$\frac{\partial f}{\partial t}(x_j,t_n) \approx \frac{f(x_{j+1},t_n)-f(x_{j-1},t_n)}{2h}。 \tag{8.11}$$

函数 $f(x,t)$ 对 x 二阶偏导数的中心差分格式为

$$\frac{\partial^2 f}{\partial t^2}(x_j,t_n) \approx \frac{f(x_{j+1},t_n)-2f(x_j,t_n)+f(x_{j-1},t_n)}{h^2}。 \tag{8.12}$$

8.2　一维非瞬态对流扩散方程的显式差分格式

本节首先构造一维非瞬态对流扩散方程的一种显式差分格式,然后以用 Excel

确定其数值解为例介绍显式差分格式确定抛物型偏微分方程数值解的 Excel 模板的制作和设计。

1. 一维非瞬态对流扩散方程

一维非瞬态对流扩散方程问题可用以下方程来表达：

$$\frac{\partial T}{\partial t} + a\frac{\partial T}{\partial x} = v\frac{\partial^2 T}{\partial x^2}, \quad 0 < x < L, \; t > 0, \tag{8.13}$$

其中 $T = T(x,t)$ 表示流场中某种物质的浓度，$a(a > 0)$ 是流速，t 为时间变量，v 是扩散系数。为了确定方程的计算方法，先给出初始条件和边界条件。

初始条件为

$$T(x,0) = g(x), \quad 0 \leq x \leq L, t > 0。$$

边界条件一般为 3 类。

固定边界条件：

$$\begin{cases} T(0,t) = \varphi(t), & t \geq 0, \\ T(L,t) = \psi(t), & t \geq 0。 \end{cases}$$

对流边界条件：

$$\frac{\partial T(0,t)}{\partial x} = \alpha T(0,t) + \mu(t), \quad x \in \partial[0,L], \quad t \geq 0。$$

混合边界条件：

$$\frac{\partial T(L,t)}{\partial n} = \beta T(L,t) + v(t), \quad x \in \partial[L,t], \quad t \geq 0。$$

2. 一维非瞬态对流扩散方程差分格式的构造

将区域 $[0,L] \times [0,T]$ 进行剖分，用 τ 和 h 分别表示时间 t 方向和空间 x 方向的网格步长，其中：$h = \frac{L}{M}$，M 表示节点个数；$x_i = jh, j = 0,1,\cdots M$；$\tau = \frac{T}{N}$（$N$ 为正整数）；$t_n = n\tau, n = 0,1,\cdots N$；$T_i^n$ 为方程（8.13）在节点 (x_i, t_n) 处的数值解。

方程（8.13）中的 $\frac{\partial T}{\partial t}$ 用对 t 偏导数的向前差分式（8.4）来表示，$\frac{\partial T}{\partial x}$ 用对 x 偏导数的中心差分式（8.11）来表示，$\frac{\partial^2 T}{\partial x^2}$ 用对 x 二阶偏导数的中心差分式（8.12）来表示，将这些式子代入式（8.13），整理得

$$T_j^{n+1} = T_j^n - \frac{1}{2}\lambda(T_{j-1}^n - T_{j+1}^n) + \mu(T_{j+1}^n - 2T_j^n + T_{j-1}^n), \tag{8.14}$$

其中 $T_j^n = T(x_j, t_n)$，$\lambda = a\frac{\tau}{h}$，$\mu = v\frac{\tau}{h^2}$。

式（8.14）称为对流扩散方程的中心显式差分格式，其稳定性条件为 $\tau \leqslant \dfrac{2v}{a^2}$，$\tau \leqslant \dfrac{h^2}{2v}$。

8.3　求解显式差分格式的方法

例 8.1　一维非瞬态对流扩散方程（8.13）中，求解域为 $[0,1]$，初始条件为 $T(x,0) = \sin(2\pi x)$，左边界条件为 $T(0,t) = -\mathrm{e}^{-4v\pi^2 t}\sin(2\pi\alpha t)$，右边界条件为 $T(1,t) = \mathrm{e}^{-4v\pi^2 t}\mathrm{e}^{-4\pi^2 t}\sin(2\pi(1-\alpha t))$，方程（8.13）的解析解为

$$T(x,t) = \mathrm{e}^{-4v\pi^2 t}\sin(2\pi(x-\alpha t)), \quad t \geqslant 0 。 \tag{8.15}$$

1. 静态模板的制作

第一步，输入已知数据。在单元格 A2、B2 和 C2 中分别输入区间的长度、流速和扩散系数（这里分别输入"1""2"和"0.1"）；在单元格 D2、E2、F2、G2、H2 和 I2 中分别输入空间步长、时间步长、常数 $\lambda = a\dfrac{\tau}{h}$、$\mu = v\dfrac{\tau}{h^2}$、计算停止时间的公式和计算总计算次数的公式（这里分别输入"0.05""0.001""=B2 * E2/D2""=C2 * E2/(D2^2)""0.5"和"=H2/E2"），如图 8.1 所示。

▲	C	D	E	F	G	H	I
1	v	Δx	Δt	λ	μ	T	n
2	0.1	0.05	0.001	0.04	0.04	0.05	50

图 8.1　输入已知数据

第二步，计算解析解。在单元格 B5 中输入区间的左边界"=0"，在单元格 C5 中输入"=B5＋$D$2"；在单元格 B6 中用式（8.15）输入解析解计算公式"=EXP(−4 * $C$2 * PI()^2 * $H$2) * SIN(2 * PI() * (B5−$B$2 * $H$2))"；选中单元格 B6，把鼠标指针移动到单元格 B6 的右下角，当其变成"＋"符号时，按住鼠标左键向右拖动一列；选中单元格区域 B5:B6，把鼠标指针移动到单元格 B6 的右下角，当其变成"＋"符号时，按住鼠标左键向右拖动到单元格 V6，至此就完成了在区间 $[0,1]$ 内，每一个节点处解析解的计算，如图 8.2 所示。

5	x	0	0.05			0.95	1
6	解析解	-0.48249	-0.25366	···		-0.6641	-0.48249

图 8.2　解析解

第三步，计算数值解。在 A9 中输入"0"；在单元格区域 B9：V9 中输入初始条件，在单元格 B9 中输入"＝SIN(2＊PI()＊(B5))"，然后向右拖动到单元格 V9 即可。在单元格 A10 中输入"＝A9＋1"，在单元格 B10 中输入左边界计算公式"＝EXP(－4＊$C$2＊PI()^2＊($E$2＊A10))＊SIN(2＊PI()＊($B$5－$B$2＊($E$2＊A10)))"，在单元格 C10 中用式(8.14)输入"＝C9＋$G$2＊(B9－2＊C9＋D9)－0.5＊$F$2＊(D9－B9)"，然后向右拖动到单元格 V10，就得到第一步的数值解。选中单元格区域 A10：V10，把鼠标指针移动到单元格 V10 的右下角，当其变成"＋"符号时按住鼠标左键向下拖动一列，就得到下一步的数值解，要计算 50 步的话需按住鼠标左键拖动到单元格 V59，得到 $t＝0.05$ 时刻的数值解。

第四步，绘制图像。选中单元格区域 B5：V6，依次单击"插入"、图表下拉按钮、"更多散点图(M)..."，选择"散点图→带平滑线的散点图"，单击"确定"按钮，得到解析解的图像；选中解析解的图像，单击右键，选择"选择数据"，打开"选择数据源"对话框，单击"添加"按钮，弹出"编辑数据系列"对话框后，在系列名称内填"数值解"，在 X 轴系列值内选择填"＝Sheet2!$B$5：$V$5"，在 Y 轴系列值内选择填"＝Sheet2!$B$59：$V$59"，单击"确定"按钮且对图进行装饰，得到图 8.3 所示的比较图。

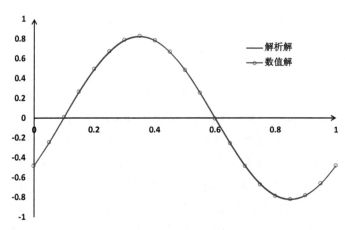

图 8.3 解析解与数值解的比较图

2. 动态模板的制作

第一步，设计迭代计算。在"文件"菜单下选择"选项"，在"选项"对话框中选择"公式"副对话框。选择启用迭代计算，最多迭代计算次数设为 1，最大误差设为

0.001，单击"确定"按钮。

第二步，输入已知数据。在单元格 A2、B2 和 C2 中分别输入区间的长度、流速和扩散系数（在这里输入"1""2"和"0.1"）；在单元格 D2、E2、F2、G2、H2 和 I2 中分别输入空间步长、时间步长、常数 $\lambda = a\dfrac{\tau}{h}$、$\mu = v\dfrac{\tau}{h^2}$、计算停止时间的公式和计算总计算次数的公式（在这里输入"0.05""0.001""= B2 * E2/D2""= C2 * E2/(D2^2)""1"和"= H2/E2"）；在空单元格 J2 中输入实现循环的表达式"= IF(J2 < I2/2,J2 + 1,1)"；在单元格 K2 中输入计算正在计算时刻的表达式"= 2 * J2 * E2"，如图 8.4 所示。

	A	B	C	D	E	F	G	H	I	J	K
1	*L*	*a*	*v*	Δ*x*	Δ*t*	*λ*	*μ*	*T*	*n*	*n*/2	现在时刻
2	1	2	0.1	0.05	0.001	0.04	0.04	1	1000	7	0.014

图 8.4 参数和循环迭代控制语句的输入

第三步，输入初始条件和边界条件。在单元格 B5 中输入区间的左边界"= 0"，在单元格 C5 中输入"= B5 + $D$2"；在单元格 B6 中用初始条件表达式输入"= SIN(2 * PI() * (B5))"。选中单元格 B6，把鼠标指针移动到单元格 B6 的右下角，当其变成"+"符号时，按住鼠标左键向右拖动一列，再选中单元格区域 B5:B6，把鼠标指针移动到单元格 B6 的右下角，当其变成"+"符号时，按住鼠标左键向右拖动到单元格 V6，完成在区间[0,1]内每一个节点初始值的计算。在单元格 A6、A7 和 A8 中分别输入显示计算步数公式"= "k=0"""= "k-1=" & 2 * J2 - 1"和"= "k=" & 2 * J2"；用左边界条件表达式在单元格 B7 和 B8 中分别输入"= EXP(-4 * $C$2 * PI()^2 * (K2 - E2)) * SIN(2 * PI() * (B5 - $B$2 * (K2 - E2)))"和"= EXP(-4 * $C$2 * PI()^2 * K2) * SIN(2 * PI() * (B5 - $B$2 * K2))"；用右边界条件表达式在单元格 V7 和 V8 中分别输入"= EXP(-4 * $C$2 * PI()^2 * (K2 - E2)) * SIN(2 * PI() * (V5 - $B$2 * (K2 - E2)))"和"= EXP(-4 * $C$2 * PI()^2 * K2) * SIN(2 * PI() * (V5 - $B$2 * K2))"。

第四步，计算第一步和第二步的数值解。在单元格 C7 中用式(8.14)输入"= C6 + $G$2 * (B6 - 2 * C6 + D6) - 0.5 * $F$2 * (D6 - B6)"。选中单元格 C7，把鼠标指针移动到单元格 C7 的右下角，当其变成"+"符号时，按住鼠标左键向右拖动到单元格 U7，就得到第一步的数值解。选中单元格区域 C7:U7，把鼠标指针移动到单元格 U7 的右下角，当其变成"+"符号时，按住鼠标左键向下拖动一列，就得到下一步的数值解。

第五步,实现循环计算。为了实现循环计算,将单元格 C7 中的计算公式改为"=IF($J$2=1,C6+$G$2*(B6-2*C6+D6)-0.5*$F$2*(D6-B6),C8+$G$2*(B8-2*C8+D8)-0.5*$F$2*(D8-B8))"。选中单元格 C7,把鼠标指针移动到单元格 C7 的右下角,当其变成"+"符号时,按住鼠标左键向右拖动到单元格 U7。这时,如果我们按功能键 F9,则在单元格 J2 的值每一次增加1,循环在 1~500 之间,当 J2 的值不等于 1 时,单元格区域 C7:U7 用单元格区域 C8:U8 的值进行计算,而单元格区域 C8:U8 的值随着单元格区域 C7:U7 值的更新而更新,这样在单元格区域 B8:V8 内就得到单元格 K2 的值在对应时刻的数值解,如图 8.5 所示。

数值解

	0	0.05	0.1		0.9	0.95	1
$k=0$	0	0.309	0.5878	...	-0.5878	-0.309	2E-15
$k-1=111$	-0.635	-0.5680	-0.4436		-0.7470	-0.5588	-0.318
$k=112$	-0.634	-0.5695	-0.4477		-0.7501	-0.5653	-0.327

图 8.5 动态数值解

第六步,计算解析解。在单元格区域 B11:V11 中用式(8.15)输入计算解析解公式,选中单元格区域 B12:V12,输入解析解与数值解绝对误差的计算公式"=ABS(B11:V11-B8:V8)",同时按住"Ctrl+Shift+Enter"键并确认。

第七步,绘制图像。在一个坐标系内同时绘制解析解与数值解图像,在另一个坐标系内绘制误差图。图 8.6(a)是当 $t=0.2$(即第 $k=100$)时解析解与数值解的比较图,图 8.6(b)是误差图。

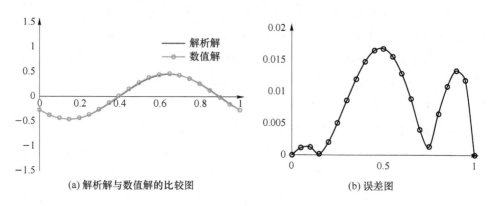

(a) 解析解与数值解的比较图   (b) 误差图

图 8.6 当 $t=0.2$ 时解析解与数值解的比较图和误差图

8.4　一维波动方程的显式差分格式

本节构造了一维波动方程的一种显式差分格式,以用 Excel 确定其数值解为例介绍了用双层显式差分格式确定二阶双曲型微分方程数值解的 Excel 模板的制作和设计。

1. 波动方程的初值问题

最简单的二阶双曲型方程是波动方程,初值问题是

$$\frac{\partial^2 u}{\partial t^2} = a^2 \frac{\partial^2 u}{\partial x^2}, \quad x \in \mathbf{R}, 0 < t \leqslant T, \tag{8.16a}$$

$$u(x,0) = f(x), \quad x \in \mathbf{R}, \tag{8.16b}$$

$$\frac{\partial u}{\partial x}(x,0) = g(x), x \in \mathbf{R}, \tag{8.16c}$$

其解为

$$u(x,t) = \frac{1}{2}[f(x+at) - f(x-at)] + \frac{1}{2a}\int_{x-at}^{x+at} g(\xi)\mathrm{d}\xi. \tag{8.17}$$

2. 差分格式的构造

把方程(8.16a)中的偏导数 $\dfrac{\partial^2 u}{\partial t^2}$, $\dfrac{\partial^2 u}{\partial x^2}$ 都用二阶偏导数的中心差分式来表示,代入式(8.16a),整理得

$$u_j^{n+1} = 2u_j^n - u_j^{n-1} + a^2\lambda^2(u_{j-1}^n - 2u_j^n + u_{j+1}^n), \tag{8.18}$$

其中 $u_j^n = u(x_j, t_n)$, $\lambda = \dfrac{\tau}{h}$。

初始条件(8.16c)用中心差分式得

$$\begin{cases} u_j^0 = f(x_j), \\ u_j^1 - u_j^{-1} = 2\tau g(x_j). \end{cases} \tag{8.19}$$

在式(8.18)中令 $n=1$,得

$$u_j^1 = 2u_j^0 - u_j^{-1} + a^2\lambda^2(u_{j-1}^0 - 2u_j^0 + u_{j+1}^0). \tag{8.20}$$

将式(8.19)和式(8.20)联立,消去 u_j^{-1},得

$$u_j^1 = \frac{1}{2}a^2\lambda^2(f(x_{j-1}) + f(x_{j+1})) + (1 - a^2\lambda^2)f(x_j) + \tau g(x_j). \tag{8.21}$$

式(8.18)称为波动方程的中心显式差分格式,其稳定性条件为 $a\lambda < 1$。

8.5 求解双层显式差分格式的方法

例 8.2 在一维波动方程(8.16)中,求解域为$[0,L]$,初始条件为$u(x,0)=\sin\frac{3\pi x}{L}$,$\frac{\partial u}{\partial t}(x,0)=x(L-x)$,左边界条件为$u(0,t)=u(L,t)=0$,它的解析解为

$$u(x,t)=\cos\left(\frac{3a\pi}{L}t\right)\sin\left(\frac{3\pi}{L}x\right)+\frac{4l^3}{a\pi^4}\sum_{n=1}^{\infty}\frac{1-(-1)^2}{n^4}\sin\left(\frac{an\pi}{L}t\right)\sin\left(\frac{n\pi}{L}x\right)。$$

$$(8.22)$$

下面介绍动态模板的制作。

第一步,设计迭代计算。在"文件"菜单下选择"选项",在"选项"对话框中选择"公式"副对话框。选择启用迭代计算,最多迭代计算次数设为1,最大误差设为0.001并单击"确定"按钮。

第二步,输入已知数据。在单元格 A2、B2 和 C2 中分别输入区间的系数 a、求解区域长度 L 和计算停止时间 T(这里输入"1""1"和"0.5");在单元格 D2、E2、F2 和 G2 中分别输入空间步长、时间步长、常数 $\lambda=\frac{\tau}{h}$ 和计算总计算次数的公式(这里输入"0.1""0.001""=E2/D2"和"=C2/E2");在空单元格 H2 中输入实现循环的表达式"=IF(H2<G2/3,H2+1,1)";在单元格 I2 中输入计算正在计算时刻的表达式"=(3*H2+1)*E2",如图 8.7 所示。

	A	B	C	D	E	F	G	H	I
1	a	L	T	h	τ	λ	n	k	t
2	1	1	0.5	0.1	0.001	0.01	500	9	0.028

图 8.7 输入参数和循环迭代控制语句

第三步,输入初始条件和边界条件。在单元格 B4 中输入区间的左边界"=0",在单元格 C4 中输入"=B4+\$D\$2";在单元格区域 A5:A10 中输入显示计算步数的表达式"="k=0""""="k=1""""="k-3="&3*H2-2""""="k-2="&3*H2-1""""="k-1="&3*H2"和""="k="&3*H2+1"";在单元格区域 B5:B10 和 L5:L10 中输入左右边界条件(这里都为 0);在单元格 C5 中用初始条件输入"=SIN(3*PI()*C4/\$B\$2)";在单元格 C6 中用式(8.21)输入"=0.5*(\$A\$2*\$F\$2)^2*(B5+D5)+(1-(\$A\$2*\$F\$2)^2)*C5+\$E\$2*C4*

（＄B＄2－C4）"。选中单元格区域 C4：C6，把鼠标指针移到单元格 C6 的右下角，当其变成"＋"符号时，按住左键向右拖动到单元格 K6，完成在区间[0，L]内在每一个节点处初始值的计算。

第四步，计算前四步的数值解。在单元格 C7 中用差分格式（8.18）输入"2＊C6－C5＋（＄A＄2＊＄F＄2)^2＊(B6－2＊C6＋D6)"。选中单元格 C7，把鼠标指针移动到单元格 C7 的右下角，当其变成"＋"符号时，按住左键向右拖动到单元格 K7，就得到第二步的数值解；选中单元格区域 C7：K7，把鼠标指针移动到单元格 K7 的右下角，当其变成"＋"符号时，按住左键向下拖动三列，就得到前四步的数值解。

第五步，实现循环计算。为了实现循环计算，将单元格 C7 和 C8 中的计算公式分别改为"IF（＄H＄2＝1，2＊C6－C5＋（＄A＄2＊＄F＄2)^2＊(B6－2＊C6＋D6)，2＊C9－C8＋（＄A＄2＊＄F＄2)^2＊(B9－2＊C9＋D9))"和"＝IF（＄H＄2＝1，2＊C7－C6＋（＄A＄2＊＄F＄2)^2＊(B7－2＊C7＋D7)，2＊C10－C9＋（＄A＄2＊＄F＄2)^2＊(B10－2＊C10＋D10))"。选中单元格区域 C7：C8，把鼠标指针移动到单元格 C8 的右下角，当其变成"＋"符号时，按住左键向右拖动到单元格 K8。此时，如果我们按功能键 F9，则在单元格 H2 的值每一次增加 1，循环在 1～167 之间，就这样在单元格区域 B10：L10 内得到单元格 I2 的值在对应时刻的数值解，如图 8.8 所示。

3	数值解										
4	0	0.1	0.2	0.3	0.4	0.5	0.6	0.7	0.8	0.9	1
5 k=0	0	0.809017	0.951057	0.309017	-0.58779	-1	-0.58779	0.309017	0.951057	0.809017	0
6 k=1	0	0.809074	0.951177	0.309214	-0.58752	-0.99971	-0.58752	0.309214	0.951177	0.809074	0
7 k-3=7	0	0.807603	0.949828	0.309882	-0.58432	-0.99536	-0.58432	0.309882	0.949828	0.807603	0
8 k-2=8	0	0.807127	0.949323	0.309876	-0.58366	-0.99441	-0.58366	0.309876	0.949323	0.807127	0
9 k-1=9	0	0.806584	0.948738	0.309844	-0.58296	-0.99338	-0.58296	0.309844	0.948738	0.806584	0
10 k =10	0	0.805975	0.948076	0.309787	-0.58222	-0.99227	-0.58222	0.309787	0.948076	0.805975	0

图 8.8　动态数值解

第六步，计算解析解。如图 8.9 所示，单元格区域 B12：L12 对应的是 $x \in [0, L]$；单元格区域 B13：L13 对应的是式（8.22）中表达式 $\cos\left(\dfrac{3a\pi}{L}t\right)\sin\left(\dfrac{3\pi}{L}x\right)$ 的计算值；单元格区域 B14：L14 对应的是式（8.22）中表达式 $\sin\left(\dfrac{an\pi}{L}t\right)\sin\left(\dfrac{n\pi}{L}x\right)$ 在 $n=1$ 时的计算值；单元格区域 B24：L2 对应的是式（8.22）对应的计算值；单元格区域 B25：L25 对应的是解析解与数值解的绝对误差。

第七步，绘制图像。在一个坐标系内同时绘制解析解与数值解图像，在另一个

						解析解					
11											
12	0	0.1	0.2	0.3	0.4	0.5	0.6	0.7	0.8	0.9	1
13		0	0.791689	0.930686	0.302398	-0.5752	-0.97858	-0.5752	0.302398	0.930686	0.791689	0
14	1	0	0.042681	0.081185	0.111741	0.13136	0.13812	0.13136	0.111741	0.081185	0.042681	0
15	3	0	0.004112	0.004834	0.001571	-0.00299	-0.00508	-0.00299	0.001571	0.004834	0.004112	0
16	5	0	0.001084	1.33E-19	-0.00108	-2.7E-19	0.001084	3.98E-19	-0.00108	-2.5E-18	0.001084	0
17	7	0	0.000313	-0.00037	0.00012	0.000228	-0.00039	0.000228	0.00012	-0.00037	0.000313	0
18	9	0	5.49E-05	-0.0001	0.000144	-0.00017	0.000178	-0.00017	0.000144	-0.0001	5.49E-05	0
19	11	0	-2.9E-05	5.53E-05	-7.6E-06	8.95E-05	-9.4E-05	8.95E-05	-7.6E-06	5.53E-05	-2.9E-05	0
20	13	0	-4.4E-05	5.21E-05	-1.7E-05	-3.2E-05	5.48E-05	-3.2E-05	-1.7E-05	5.21E-05	-4.4E-05	0
21	15	0	-3.4E-05	1.25E-20	3.4E-05	-2.5E-20	-3.4E-05	1.58E-19	3.4E-05	-2.9E-19	-3.4E-05	0
22	17	0	-1.8E-05	-2.1E-05	-6.8E-06	1.3E-05	2.21E-05	1.3E-05	-6.8E-06	-2.1E-05	-1.8E-05	0
23	19	0	-4.6E-06	-8.7E-06	-1.2E-05	-1.4E-05	-1.5E-05	-1.4E-05	-1.2E-05	-8.7E-06	-4.6E-06	0
24		0	0.793664	0.934202	0.307014	-0.56992	-0.97308	-0.56992	0.307014	0.934202	0.793664	0
25		0	0.000159	0.000133	0.000115	0.000421	0.000558	0.000421	0.000115	0.000133	0.000159	0

图 8.9　解析解与误差

坐标系内绘制误差图,图 8.10(a)是当 $t=0.337$(即第 $k=337$)时解析解与数值解的比较图,图 8.10(b)是误差图。

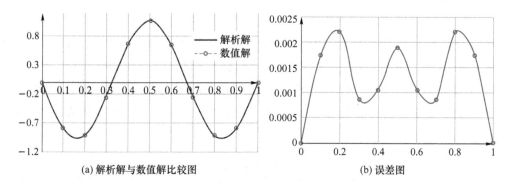

(a) 解析解与数值解比较图　　　　　　(b) 误差图

图 8.10　当 $t=0.337$ 时解析解与数值解的比较图和误差图

8.6　一维扩散方程加权隐式差分格式

本节构造了一维扩散方程加权隐式差分格式,并以用 Excel 确定其数值解为例介绍了用隐式差分格式确定偏微分方程数值解的 Excel 模板的制作和设计。

1. 一维扩散方程

一维扩散方程:

$$\frac{\partial T}{\partial t}=a\,\frac{\partial^2 T}{\partial x^2}, \quad a \leqslant x \leqslant b\,t>0。 \tag{8.23}$$

初始条件为

$$T(x,0)=T_0(x), \quad a \leqslant x \leqslant b.$$

边界条件分别为

$$T(a,t)=\phi(t), \quad t \geqslant 0,$$

$$T(b,t)=\varphi(t), \quad t \geqslant 0.$$

2. 一维扩散方程加权隐式差分格式的构造

将区域 $[a,b] \times [0,T]$ 进行剖分，用 τ 和 h 分别表示时间 t 方向和空间 x 方向的网格步长，其中：$h=\dfrac{b-a}{M}$，M 表示节点个数；$x_i=ih,i=0,1,\cdots M$；$\tau=\dfrac{T}{N}$（N 为正整数）；$t_n=n\tau,n=0,1,\cdots N$；T_i^n 表示方程(8.23)在节点 (x_i,t_n) 处的数值解。

在方程(8.23)中，如果 $T(x,t)$ 对 t 的偏导数用向前差分格式(8.4)，$T(x,t)$ 对 x 的二阶偏导数用中心差分格式(8.12)，则便可以得到方程(8.23)的差分格式：

$$\frac{T_i^{n+1}-T_i^n}{\tau}=\alpha \frac{T_{i+1}^n-2T_i^n+T_{i-1}^n}{h^2}. \tag{8.24}$$

如果对 t 的偏导数用向后差分格式(8.5)，便得方程(8.23)的差分格式：

$$\frac{T_i^n-T_i^{n-1}}{\tau}=\alpha \frac{T_{i+1}^n-2T_i^n+T_{i-1}^n}{h^2}. \tag{8.25}$$

把式(8.25)改写为

$$\frac{T_i^n-T_i^{n-1}}{\tau}=\alpha \frac{T_{i+1}^{n-1}-2T_i^{n-1}+T_{i-1}^{n-1}}{h^2}. \tag{8.26}$$

用 $\theta(0 \leqslant \theta \leqslant 1)$ 乘以式(8.24)，用 $(1-\theta)$ 乘以式(8.26)，其结果相加得到如下加权隐式差分格式：

$$\frac{T_i^n-T_i^{n-1}}{\tau}=\alpha \left[\theta \frac{T_{i+1}^n-2T_i^n+T_{i-1}^n}{h^2}+(1-\theta) \frac{T_{i+1}^{n-1}-2T_i^{n-1}+T_{i-1}^{n-1}}{h^2} \right]. \tag{8.27}$$

把式(8.27)写成便于计算的形式：

$$-\alpha\lambda\theta T_{i-1}^n+(1+2\alpha\lambda\theta)T_i^n=\alpha\lambda(1-\theta)T_{i-1}^{n-1}+[1-2\alpha\lambda(1-\theta)]T_i^{n-1}+\alpha\lambda(1-\theta)T_{i+1}^{n-1},$$
$$\tag{8.28}$$

其中，$\lambda=\dfrac{\tau}{h^2}$，$i=1,2,\cdots,M-1$；$n=1,2,\cdots,N$。

初始条件变为

$$T_i^0=T_0(x_i), \quad i=0,1,2,\cdots,M;$$

边界条件变为

$$T_1^n=\phi(t_n), \quad n=1,2,3,\cdots,N,$$

$$T_M^n=\varphi(t_n), \quad n=1,2,\cdots,N.$$

式(8.27)和(8.28)的稳定性条件如下：当 $0 \leqslant \theta \leqslant 0.5$ 时，稳定性条件是 $2\alpha\lambda \leqslant \dfrac{1}{1-2\theta}$；当 $0.5 < \theta \leqslant 1$ 时，无限制稳定。

将式(8.28)与初始条件、边界条件结合到一起，矩阵形式变为

$$\boldsymbol{A}\boldsymbol{U}^n = \boldsymbol{B}\boldsymbol{V}^{n-1} + \boldsymbol{b}^n \tag{8.29}$$

其中

$$\boldsymbol{A} = \begin{pmatrix} a_2 & a_1 & & & \\ a_1 & a_2 & a_1 & & \\ & \ddots & \ddots & \ddots & \\ & & a_1 & a_2 & a_1 \\ & & & a_1 & a_2 \end{pmatrix}_{(M-1)\times(M-1)},$$

$$\boldsymbol{B} = \begin{pmatrix} b_1 & b_2 & b_1 & & & \\ & b_1 & b_2 & b_1 & & \\ & & \ddots & \ddots & \ddots & \\ & & & b_1 & b_2 & b_1 \\ & & & & b_1 & b_2 & b_1 \end{pmatrix}_{(M-1)\times(M+1)},$$

$$\boldsymbol{b}^n = \alpha\lambda\theta(T_0^n, 0, \cdots, T_M^n),$$

$$\boldsymbol{U}^n = (T_1^n, T_2^n, \cdots, T_{M-1}^n),$$

$$\boldsymbol{V}^{n-1} = (T_0^{n-1}, T_1^{n-1}, \cdots, T_M^{n-1}),$$

其中，$a_1 = -\alpha\lambda\theta$，$a_2 = 1 + 2\alpha\lambda\theta$，$b_1 = \alpha\lambda(1-\theta)$，$b_2 = 1 - 2\alpha\lambda(1-\theta)$。

8.7　求解隐式差分格式的方法

例 8.3　一维扩散方程公式(8.23)中，求解域为 $[0,1]$，初始条件为

$$T(x,0) = \sin(\pi x);$$

左边界条件和右边界条件为

$$T(0,t) = T(1,t) = 0;$$

它的解析解为

$$T(x,t) = \mathrm{e}^{-(\alpha\pi)^2 t} \sin(\pi x), \quad t \geqslant 0。 \tag{8.30}$$

就本问题来说方程(8.21)中的 b^n 为零，不必计算，此时方程(8.29)变为

$$\boldsymbol{U}^n = \boldsymbol{A}^{-1}\boldsymbol{B}\boldsymbol{V}^{n-1}。 \tag{8.31}$$

下面介绍动态模板的制作过程。

第一步,启动迭代计算。在"文件"菜单下选择"选项",在"选项"对话框中单击"公式"副对话框。选择启用迭代计算,最多迭代计算次数设为 1,最大误差设为 0.001 并单击"确定"按钮。

第二步,输入常数项和相关参数。按照图 8.11,在打开的 Excel 表格中分别输入常数 α,求解域区间 $[a,b]$,加权系数 θ,x 方向的网格步长 h,λ 和时间步长 τ 的值。当输入时间步长时,在单元格 G2 中按差分格式的稳定性条件输入"$=$IF(D2$<$0.5,E2^2/(2*A2)*1/(1$-$2*D2),E2^2*F2)"。在单元格 H2 中输入计算终止时间 T;在单元格 I2 中输入计算总次数 n 的公式"$=$H2/G2",在单元格 J2 中输入循环迭代控制值的语句"$=$IF(J2$<$I2/2,J2$+$1,1)";在单元格 K2 中输入计算现在时刻的语句"$=2*$J2$*$G2"。

	A	B	C	D	E	F	G	H	I	J	K
1	α	a	b	θ	h	λ	τ	T	n	$n/2$	现在时刻
2	1	0	1	0.5	0.1	0.5	0.005	0.5	100	13	0.13

图 8.11　参数和循环迭代控制语句的输入

第三步,输入矩阵 A 和矩阵 B。用矩阵 A 的计算公式在单元格 A5 中输入"$=1+2*$A2$*$F2$*$D2";在单元格 B5 中输入"$=-$A2$*$F2$*$D2";在单元格 A6 中输入"$=$B5";选中单元格区域 B6:C6,输入"$=$A5:B5",同时按"Shift$+$Ctrl$+$Enter"键确认;选中单元格区域 B7:D7,输入"$=$A6:C6",同时按"Shift$+$Ctrl$+$Enter"键确认;用类似方法输入矩阵 A 的其他元素,得到图 8.12 所示的结果。同理,用矩阵 B 的计算公式输入矩阵 B 的元素,得到图 8.13 所示的结果。

4					A				
5	1.5	-0.25	0	0	0	0	0	0	0
6	-0.25	1.5	-0.25	0	0	0	0	0	0
7	0	-0.25	1.5	-0.25	0	0	0	0	0
8	0	0	-0.25	1.5	-0.25	0	0	0	0
9	0	0	0	-0.25	1.5	-0.25	0	0	0
10	0	0	0	0	-0.25	1.5	-0.25	0	0
11	0	0	0	0	0	-0.25	1.5	-0.25	0
12	0	0	0	0	0	0	-0.25	1.5	-0.25
13	0	0	0	0	0	0	0	-0.25	1.5

图 8.12　矩阵 A

第四步,输入初始条件。在单元格 A27 中输入"$=$B2",在单元格 A28 中输入"$=$A27$+\$E\$2$"。选中单元格 A28,把鼠标指针移动到单元格 A28 的右下角,待

				B							
15											
16	0.25	0.5	0.25	0	0	0	0	0	0	0	0
17	0	0.25	0.5	0.25	0	0	0	0	0	0	0
18	0	0	0.25	0.5	0.25	0	0	0	0	0	0
19	0	0	0	0.25	0.5	0.25	0	0	0	0	0
20	0	0	0	0	0.25	0.5	0.25	0	0	0	0
21	0	0	0	0	0	0.25	0.5	0.25	0	0	0
22	0	0	0	0	0	0	0.25	0.5	0.25	0	0
23	0	0	0	0	0	0	0	0.25	0.5	0.25	0
24	0	0	0	0	0	0	0	0	0.25	0.5	0.25

图 8.13　矩阵 **B**

其变成"**+**"符号时,按住鼠标左键向下拖动到单元格 A 的值变到左边界 b 的值 1 为止,松开鼠标左键。在单元格 B27 中输入"＝SIN(PI() * A27)",用上述同样的选择和拖动方法计算每一点的初始条件值,如图 8.14 所示。

26	x	$k=0$	$k-1=9$	$k=10$	解析解	误差
27	0	0	0	0	0	0
28	0.1	0.309	0.1983	0.1888	0.1887	0.00016
29	0.2	0.5878	0.3771	0.35913	0.3588	0.00031
30	0.3	0.809	0.5191	0.49429	0.4939	0.00043
31	0.4	0.9511	0.6102	0.58108	0.5806	0.00051
32	0.5	1	0.6416	0.61098	0.6105	0.00053
33	0.6	0.9511	0.6102	0.58108	0.5806	0.00051
34	0.7	0.809	0.5191	0.49429	0.4939	0.00043
35	0.8	0.5878	0.3771	0.35913	0.3588	0.00031
36	0.9	0.309	0.1983	0.1888	0.1887	0.00016
37	1	0	0	0	3E-16	3.8E-16

图 8.14　数值解与解析解的比较

　　第五步,输入边界条件。单元格 C27、D27、C37 和 D27 中相应的边界条件或边界条件的计算公式在本例中全为零,如图 8.14 所示。

　　第六步,输入第一步和第二步的公式。选中单元格区域 C28:C36,用式(8.23)输入计算第一步的公式"＝MMULT(MINVERSE(K5:S13),MMULT(A16:K24,B27:B37))",同时按"Shift＋Ctrl＋Enter"键确认;选中单元格区域 D28:D36,输入计算第二步的公式"＝MMULT(MINVERSE(K5:S13),MMULT(A16:K24,D27:D37))",同时按"Shift＋Ctrl＋Enter"键确认,如图 8.14 所示。

　　第七步,输入循环迭代计算语句。选中单元格区域 C28:C36,输入迭代计算公式"＝IF(M2＝1,MMULT(MINVERSE(K5:S13),MMULT(A16:K24,B27:

B37)),MMULT(MINVERSE(K5：S13),MMULT(A16：K24,E27：E37)))",同时按"Shift＋Ctrl＋Enter"键确认,如图 8.14 所示。

　　第八步,计算解析解和误差。用式(8.30)在单元格 E27 中输入"＝SIN(PI() ＊ A27) ＊ EXP(－POWER($A$2 ＊ PI(),2) ＊ $K$2)",用上述同样的方法计算相应时刻的解析解;选中单元格区域 F27：F37,输入绝对误差计算式"＝ABS(D27：D37－E27：E37)",同时按"Shift＋Ctrl＋Enter"键确认,如图 8.14 所示。

　　第九步,绘制图像。在一个坐标系内同时绘制解析解与数值解图像,在另一个坐标系内绘制误差图,图 8.15(a)是 $t＝0.2$(即第 $k＝100$)时解析解与数值解的比较图,图 8.15(b)是误差图。

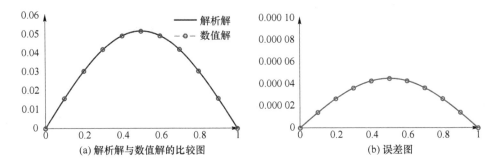

(a) 解析解与数值解的比较图　　　　　(b) 误差图

图 8.15　动态图像的比较图和误差图

　　以上操作完成以后,按住功能键 F9,随着单元格 J2 值的循环变化,相应时刻的数值解和解析解也变化。如果改变加权系数 θ,可以观察加权系数 θ 对数值解的影响。

8.8　二维问题差分格式构造的基本思路

　　对函数 $T(x,y,t)$ 而言,把 x,y 看成固定数,将函数用泰勒级数在 $t＝t_0$ 处展开,得

$$T(x,y,t)＝T(x,y,t_0)+\frac{\partial T}{\partial t}(x,y,t_0)(t-t_0)+$$

$$\frac{1}{2}\frac{\partial^2 T}{\partial t^2}(x,y,t_0)(t-t_0)^2+R_2(x,y,t), \qquad (8.32)$$

其中 $R_2(x,y,t)＝\dfrac{1}{3!}\dfrac{\partial^3 T}{\partial t^3}(x,y,\xi)(t-t_0)^3$,$\xi$ 是 t_0 与 t 之间的一个点。

设 $t_0 = t_n$，$t = t_{n+1}$，$\tau = t_{n+1} - t_n$，固定 $x = x_i$，$y = y_j$，则有

$$T_{i,j}^{n+1} = T_{i,j}^n + \frac{\partial T}{\partial t}(x_i, y_j, t_n)\tau + \frac{1}{2}\frac{\partial^2 T}{\partial t^2}(x_i, y_j, t_n)\tau^2 + R_2(x_i, y_j, t_{n+1}), \quad (8.33)$$

其中 $T_{i,j}^n = T(x_i, y_j, t_n)$。

在式(8.33)中，当 $\tau \rightarrow 0$ 时，$\frac{1}{2}\frac{\partial^2 T}{\partial t^2}(x_i, y_j, t_n)\tau^2 + R_2(x_i, y_j, t_{n+1})$ 是关于 τ 的高级无穷小量，因此 $\frac{\partial T}{\partial t}(x_j, y_l, t_n)\tau \approx T_{i,j}^{n+1} - T_{i,j}^n$，从而有

$$\frac{\partial T}{\partial t}(x_i, y_j, t_n) \approx \frac{T_{i,j}^{n+1} - T_{i,j}^n}{\tau}。 \quad (8.34)$$

式(8.34)称为函数 $T(x, y, t)$ 对 t 一阶偏导数的向前差分。

同理，把 x，y 看成固定数，将 $T(x_j, y_l, t_{n-1})$ 用泰勒级数在 $t = t_n$ 处展开，得

$$T_{i,j}^{n-1} = T_{i,j}^n - \frac{\partial T}{\partial t}(x_i, y_j, t_n)\tau + \frac{1}{2}\frac{\partial^2 T}{\partial t^2}(x_i, y_j, t_n)\tau^2 + R_2(x_i, y_j, t_{n-1})。 \quad (8.35)$$

在式(8.35)中，当 $\tau \rightarrow 0$ 时，$\frac{1}{2}\frac{\partial^2 T}{\partial t^2}(x_i, y_j, t_n)\tau^2 + R_2(x_i, y_j, t_{n-1})$ 是关于 τ 的高级无穷小量，即 $\frac{\partial T}{\partial t}(x_j, y_l, t_n)\tau \approx T_{i,j}^n - T_{i,j}^{n-1}$，从而有

$$\frac{\partial T}{\partial t}(x_i, y_j, t_n) \approx \frac{T_{i,j}^n - T_{i,j}^{n-1}}{\tau}。 \quad (8.36)$$

式(8.36)称为函数 $T(x, y, t)$ 对 t 一阶偏导数的向后差分。

将式(8.34)和式(8.36)相加并整理，可得

$$\frac{\partial T}{\partial t}(x_i, y_j, t_n) \approx \frac{T_{i,j}^{n+1} - T_{i,j}^{n-1}}{2\tau}。 \quad (8.37)$$

式(8.37)称为函数 $T(x, y, t)$ 对 t 一阶偏导数的中心差分。

式(8.33)和式(8.35)相加并整理可得

$$\frac{\partial^2 T}{\partial t^2}(x_i, y_j, t_n) \approx \frac{T_{i,j}^{n+1} - 2T_{i,j}^n + T_{i,j}^{n-1}}{\tau^2}。 \quad (8.38)$$

式(8.38)称为函数 $T(x, y, t)$ 对 t 二阶偏导数的中心差分。

利用同样的方法可得函数 $T(x, y, t)$ 对 x 一阶偏导数的向前、向后和中心差分，以及对 x 二阶偏导数的中心差分：

$$\frac{\partial T}{\partial x}(x_i, y_j, t_n) \approx \frac{T_{i+1,j}^n - T_{i,j}^n}{\tau}； \quad (8.39)$$

$$\frac{\partial T}{\partial x}(x_i, y_j, t_n) \approx \frac{T_{i,j}^n - T_{i-1,j}^n}{\tau}； \quad (8.40)$$

$$\frac{\partial T}{\partial x}(x_i, y_j, t_n) \approx \frac{T_{i+1,j}^n - T_{i-1,j}^n}{2\tau}; \tag{8.41}$$

$$\frac{\partial^2 T}{\partial x^2}(x_i, y_j, t_n) \approx \frac{T_{i+1,j}^n - 2T_{i,j}^n + T_{i-1,j}^n}{\tau^2}. \tag{8.42}$$

利用同样的方法可得函数 $T(x,y,t)$ 对 y 一阶偏导数的向前、向后和中心差分以及对 y 二阶偏导数的中心差分:

$$\frac{\partial T}{\partial y}(x_i, y_j, t_n) \approx \frac{T_{i,j+1}^n - T_{i,j}^n}{\tau}; \tag{8.43}$$

$$\frac{\partial T}{\partial y}(x_i, y_j, t_n) \approx \frac{T_{i,j}^n - T_{i,j-1}^n}{\tau}; \tag{8.44}$$

$$\frac{\partial T}{\partial y}(x_i, y_j, t_n) \approx \frac{T_{i,j+1}^n - T_{i,j-1}^n}{2\tau}; \tag{8.45}$$

$$\frac{\partial^2 T}{\partial y^2}(x_i, y_j, t_n) \approx \frac{T_{i,j+1}^n - 2T_{i,j}^n + T_{i,j-1}^n}{\tau^2}. \tag{8.46}$$

8.9　二维非瞬态热传导问题的差分格式

在直角坐标系内二维热传导问题可以用如下方程描述:

$$c\rho\frac{\partial T}{\partial t} - \frac{\partial}{\partial x}\left(k\frac{\partial T}{\partial x}\right) + \frac{\partial}{\partial y}\left(k\frac{\partial T}{\partial y}\right) = F(x, y, t), \tag{8.47}$$

其中 $k=k(x,y)$ 为热传导系数,$c=c(x,y)$ 为物体的比热容,$\rho=\rho(x,y)$ 为物体的密度,$f(x,y,t)$ 为热源。

如果物体均匀且各向同性,即 k、c 和 ρ 都为常数时方程(8.47)变为

$$\frac{\partial T}{\partial t} - \alpha\left(\frac{\partial^2 T}{\partial x^2} + \frac{\partial^2 T}{\partial xy^2}\right) = f(x, y, t), \tag{8.48}$$

其中 $\alpha=\dfrac{k}{c\rho}$,$f(x,y,t)=\dfrac{1}{c\rho}F(x,y,t)$。

当 $f(x,y,t)=0$ 时,方程(8.48)中的 $\dfrac{\partial T}{\partial t}$ 用对 t 偏导数的向前差分即〔式(8.34)〕来表示,$\dfrac{\partial^2 T}{\partial x^2}$ 用对 x 二阶偏导数的中心差分式〔式(8.42)〕来表示,$\dfrac{\partial^2 T}{\partial y^2}$ 用对 y 二阶偏导数的中心差分〔式(8.46)〕来表示,代入式(8.48)并整理,得

$$T_{i,j}^{n+1} = T_{i,j}^n - \alpha\lambda(T_{i+1,j}^n + T_{i-1,j}^n + T_{i,j+1}^n + T_{i,j-1}^n - 4T_{i,j}^n), \tag{8.49}$$

其中 $\lambda=\dfrac{\tau}{h^2}$。

例 8.4 在方程(8.48)中,当 $f(x,y,t)=0$ 时,初始条件和边界条件分别为

$T(x,y,0)=\sin(\pi x)+\sin(\pi y)$ 和 $T(x,y,0)\big|_{\partial\Omega}=0(\Omega=[0,1]\times[0,1])$,则式(8.48)的

解析解为

$$T(x,y,t)=[\sin(\pi x)+\sin(\pi y)]e^{-\alpha\pi^2 t}。 \tag{8.50}$$

第一步,调试迭代计算。在"文件"菜单下选择"选项",在"选项"对话框中选择"公式"副对话框。选择启用迭代计算,最多迭代计算次数设为 1,最大误差设为 0.001 并单击"确定"。

第二步,输入已知数据。在单元格 A2、B2、C2 和 D2 中分别输入常数 α,区间的长度,空间 x、y 方向和时间 t 方向的网格步长参数(在这里分别输入"1""1""0.1"和"0.001");在单元格 E2、F2 和 G2 中分别输入常数 $\lambda=\dfrac{\tau}{h^2}$、计算停止时间的公式和计算总计算次数的公式(这里分别输入"=D2/(C2^2)""0.5"和"=F2/D2");在单元格 H2 中输入实现循环的表达式"=IF(H2<G2/2,H2+1,0)";在单元格 I2 中输入计算当前计算时刻的表达式"=2 * H2 * D2",如图 8.16 所示。

	A	B	C	D	E	F	G	H	I
1	α	L	Δx	Δt	λ	T	n	$n/2$	现在时刻
2	1	1	0.1	0.001	0.1	0.5	500	75	0.15

图 8.16 已知数据

第三步,输入初始条件。在单元格区域 A5:A15 中输入自变量 y 的值;在单元格区域 B16:L16 中输入自变量 x 的值;在单元格 B5 中输入初始条件 $T(x,y,0)=\sin(\pi x)+\sin(\pi y)$ 的计算公式"=SIN(PI() * $A5)+SIN(PI() * B$16)"。注意,单元格 A5 对应自变量 y,其应用列绝对引用,行相对引用;单元格 B16 对应自变量 x,其应用行绝对引用,列相对引用。选中单元格 B5,把鼠标指针移动到单元格 B5 的右下角,待其变为填充柄("+"符号)时,按住鼠标左键向右拖动到单元格 L5,完成单元格区域 B5:L5 的自动填充。选中单元格区域 B5:L5,把鼠标指针移动到单元格 L5 的右下角,待其变为填充柄("+"符号)时,按下鼠标左键向下拖动到单元格 L45,实现单元格区域 B5:L15 的自动填充,完成初始条件的输入,如图 8.17 所示。

4						初始时刻					
5	1	1E-16	0.309	0.588	0.809	0.9511	1	0.951	0.809017	0.588	0.309	7E-16
6	0.9	0.309	0.618	0.897	1.118	1.2601	1.309	1.26	1.118034	0.897	0.618	0.309
7	0.8	0.5878	0.897	1.176	1.397	1.5388	1.588	1.539	1.396802	1.176	0.897	0.588
8	0.7	0.809	1.118	1.397	1.618	1.7601	1.809	1.76	1.618034	1.397	1.118	0.809
9	0.6	0.9511	1.26	1.539	1.76	1.9021	1.951	1.902	1.760074	1.539	1.26	0.951
10	0.5	1	1.309	1.588	1.809	1.9511	2	1.951	1.809017	1.588	1.309	1
11	0.4	0.9511	1.26	1.539	1.76	1.9021	1.951	1.902	1.760074	1.539	1.26	0.951
12	0.3	0.809	1.118	1.397	1.618	1.7601	1.809	1.76	1.618034	1.397	1.118	0.809
13	0.2	0.5878	0.897	1.176	1.397	1.5388	1.588	1.539	1.396802	1.176	0.897	0.588
14	0.1	0.309	0.618	0.897	1.118	1.2601	1.309	1.26	1.118034	0.897	0.618	0.309
15	0	4E-16	0.309	0.588	0.809	0.9511	1	0.951	0.809017	0.588	0.309	1E-15
16		0	0.1	0.2	0.3	0.4	0.5	0.6	0.7	0.8	0.9	1

图 8.17　初始时刻的值

第四步,从初始时刻计算第一时刻。和第三步一样,在单元格区域 A19:A29 中输入自变量 y 的值;在单元格区域 B30:L30 中输入自变量 x 的值;在单元格 B19 中输入计算边界条件表达式“＝(SIN(PI()＊＄A19)＋SIN(PI()＊B＄30))＊EXP(－＄A＄2＊PI()＊PI()＊(＄I＄2－＄D＄2))”;用自动填充功能拖动填充单元格区域 C19:L19、L20:L29、B20:B29 和 C29:K29;用式(8.40)在单元格 C20 中输入“＝C6＋＄A＄2＊＄E＄2＊(C5＋C7＋B6＋D6－4＊C6)”;用自动填充功能拖动填充单元格区域 C20:K28,这样就得到第一时刻的数值解,如图 8.18 所示。

18						n=1,　t=0.001时刻的数值解					
19	1	1E-16	0.306	0.582	0.801	0.9417	0.99	0.942	0.801072	0.582	0.306	7E-16
20	0.9	0.306	0.612	0.888	1.107	1.2477	1.296	1.248	1.10709	0.888	0.612	0.306
21	0.8	0.582	0.888	1.164	1.383	1.5238	1.572	1.524	1.383129	1.164	0.888	0.582
22	0.7	0.8011	1.107	1.383	1.602	1.7428	1.791	1.743	1.602196	1.383	1.107	0.801
23	0.6	0.9417	1.248	1.524	1.743	1.8835	1.932	1.883	1.742845	1.524	1.248	0.942
24	0.5	0.9902	1.296	1.572	1.791	1.932	1.98	1.932	1.791309	1.572	1.296	0.99
25	0.4	0.9417	1.248	1.524	1.743	1.8835	1.932	1.883	1.742845	1.524	1.248	0.942
26	0.3	0.8011	1.107	1.383	1.602	1.7428	1.791	1.743	1.602196	1.383	1.107	0.801
27	0.2	0.582	0.888	1.164	1.383	1.5238	1.572	1.524	1.383129	1.164	0.888	0.582
28	0.1	0.306	0.612	0.888	1.107	1.2477	1.296	1.248	1.10709	0.888	0.612	0.306
29	0	4E-16	0.306	0.582	0.801	0.9417	0.99	0.942	0.801072	0.582	0.306	1E-15
30		0	0.1	0.2	0.3	0.4	0.5	0.6	0.7	0.8	0.9	1

图 8.18　第一时刻的数值解

第五步,从第一时刻计算第二时刻。和第三步一样,在单元格区域 A33:A43 中输入自变量 y 的值;在单元格区域 B44:L44 中输入自变量 x 的值;在单元格 B19 中输入计算边界条件表达式“＝(SIN(PI()＊＄A47)＋SIN(PI()＊B＄58))＊EXP(－＄A＄2＊PI()＊PI()＊＄I＄2)”;用自动填充功能拖动填充单元格区域 C33:L33、L34:L43、B34:B43 和 C43:K43;用式(8.49)在单元格 C20 中输入“＝C20＋＄A＄2＊＄E＄2＊(C19＋C21＋B20＋D20－4＊C20)”;用自动填充功能拖动填充单元格区域 C34:K42,这样就得到第二时刻的数值解,如图 8.19 所示。

32	n=2, t=0.002时刻的数值解										
33	1	1E-16	0.303	0.576	0.793	0.9325	0.98	0.932	0.793204	0.576	0.303	7E-16
34	0.9	0.303	0.606	0.879	1.096	1.2355	1.284	1.236	1.09625	0.879	0.606	0.303
35	0.8	0.5763	0.879	1.153	1.37	1.5089	1.557	1.509	1.36959	1.153	0.879	0.576
36	0.7	0.7932	1.096	1.37	1.587	1.7258	1.774	1.726	1.586512	1.37	1.096	0.793
37	0.6	0.9325	1.236	1.509	1.726	1.8651	1.913	1.865	1.725785	1.509	1.236	0.932
38	0.5	0.9805	1.284	1.557	1.774	1.913	1.961	1.913	1.773774	1.557	1.284	0.98
39	0.4	0.9325	1.236	1.509	1.726	1.8651	1.913	1.865	1.725785	1.509	1.236	0.932
40	0.3	0.7932	1.096	1.37	1.587	1.7258	1.774	1.726	1.586512	1.37	1.096	0.793
41	0.2	0.5763	0.879	1.153	1.37	1.5089	1.557	1.509	1.36959	1.153	0.879	0.576
42	0.1	0.303	0.606	0.879	1.096	1.2355	1.284	1.236	1.09625	0.879	0.606	0.303
43	0	4E-16	0.303	0.576	0.793	0.9325	0.98	0.932	0.793204	0.576	0.303	1E-15
44		0	0.1	0.2	0.3	0.4	0.5	0.6	0.7	0.8	0.9	1

图 8.19　第二时刻的数值解

第六步,显示正在计算时刻,将单元格区域 A18:L18 合并为一个单元格并输入"="n=" & 2 * H2-1 & ", t="&I2-D2&"时刻的数值解"";将单元格区域 A32:L32 合并为一个单元格并输入"="n=" & 2 * H2 & ", t=" & I2 & "时刻的数值解""。

第七步,实现循环计算。为了实现循环计算,将单元格 C20 中的计算公式改为"=IF($H$2=1,C6+$A$2*$E$2*(C5+C7+B6+D6-4*C6),C34+$A$2*$E$2*(C33+C35+B34+D34-4*C34))",用自动填充功能拖动填充单元格区域 C20:K28。这时,如果我们按功能键 F9,则在单元格 H2 的值每一次增加 1,循环在 1~250 之间,当 H2 的值不等于 1 时,单元格区域 C20:K28 用单元格区域 C34:K42 的值进行计算。而且单元格区域 C34:K42 的值随着单元格区域 C20:K28 值的更新而更新,这样在单元格区域 C34:K42 内得到单元格 I2 的值在对应时刻的数值解,图 8.20 是 $n=100, t=0.1$ 时刻的数值解。

32	n=100, t=0.1时刻的数值解										
33	1	5E-17	0.115	0.219	0.302	0.3545	0.373	0.354	0.301527	0.219	0.115	3E-16
34	0.9	0.1152	0.231	0.335	0.417	0.4703	0.489	0.47	0.417243	0.335	0.231	0.115
35	0.8	0.2191	0.335	0.439	0.522	0.5747	0.593	0.575	0.521578	0.439	0.335	0.219
36	0.7	0.3015	0.417	0.522	0.604	0.6575	0.676	0.657	0.604351	0.522	0.417	0.302
37	0.6	0.3545	0.47	0.575	0.657	0.7106	0.729	0.711	0.657484	0.575	0.47	0.354
38	0.5	0.3727	0.489	0.593	0.676	0.729	0.747	0.729	0.675791	0.593	0.489	0.373
39	0.4	0.3545	0.47	0.575	0.657	0.7106	0.729	0.711	0.657484	0.575	0.47	0.354
40	0.3	0.3015	0.417	0.522	0.604	0.6575	0.676	0.657	0.604351	0.522	0.417	0.302
41	0.2	0.2191	0.335	0.439	0.522	0.5747	0.593	0.575	0.521578	0.439	0.335	0.219
42	0.1	0.1152	0.231	0.335	0.417	0.4703	0.489	0.47	0.417243	0.335	0.231	0.115
43	0	2E-16	0.115	0.219	0.302	0.3545	0.373	0.354	0.301527	0.219	0.115	4E-16
44		0	0.1	0.2	0.3	0.4	0.5	0.6	0.7	0.8	0.9	1

图 8.20　$n=100, t=0.1$ 时刻的数值解

第八步,计算解析解。将单元格区域 A46:L46 合并为一个单元格并输入"=

"n="&2*H2&", t="&I2&"时刻的解析解""。同第三步一样,在单元格区域 A47:A57 中输入自变量 y 的值;在单元格区域 B58:L58 中输入自变量 x 的值;在单元格 B47 中输入"=(SIN(PI()* $ A47)+SIN(PI()* B $ 58))*EXP(- $ A $ 2*PI()*PI()* $ I $ 2)";用自动填充功能拖动填充单元格区域 B47:L57,如图 8.21 所示。

46					当t=0.1时的解析解						
47	1	5E-17	0.115	0.219	0.302	0.3545	0.373	0.354	0.301527	0.219	0.115	3E-16
48	0.9	0.1152	0.23	0.334	0.417	0.4696	0.488	0.47	0.4167	0.334	0.23	0.115
49	0.8	0.2191	0.334	0.438	0.521	0.5735	0.592	0.574	0.520599	0.438	0.334	0.219
50	0.7	0.3015	0.417	0.521	0.603	0.656	0.674	0.656	0.603054	0.521	0.417	0.302
51	0.6	0.3545	0.47	0.574	0.656	0.7089	0.727	0.709	0.655993	0.574	0.47	0.354
52	0.5	0.3727	0.488	0.592	0.674	0.7272	0.745	0.727	0.674235	0.592	0.488	0.373
53	0.4	0.3545	0.47	0.574	0.656	0.7089	0.727	0.709	0.655993	0.574	0.47	0.354
54	0.3	0.3015	0.417	0.521	0.603	0.656	0.674	0.656	0.603054	0.521	0.417	0.302
55	0.2	0.2191	0.334	0.438	0.521	0.5735	0.592	0.574	0.520599	0.438	0.334	0.219
56	0.1	0.1152	0.23	0.334	0.417	0.4696	0.488	0.47	0.4167	0.334	0.23	0.115
57	0	2E-16	0.115	0.219	0.302	0.3545	0.373	0.354	0.301527	0.219	0.115	4E-16
58		0	0.1	0.2	0.3	0.4	0.5	0.6	0.7	0.8	0.9	1

图 8.21　解析解

第九步,绘制图像。选中单元格区域 B33:L43,依次单击"插入"、图表下拉按钮、"更多散点图(M)...",选择"插入图表→曲面图→曲面图",单击"确定"按钮,就得到数值解的云图,如图 8.22(a)所示;选中单元格区域 B47:L57,依次单击"插入"、图表下拉按钮、"更多散点图(M)...",选择"曲面图→曲面图",单击"确定"按钮,就得到解析解的云图,如图 8.22(b)所示,为了更好地观察,在一个直角坐标系内绘制直线 $y=0.5$ 上的数值解和解析解的比较图,如图 8.23 所示。

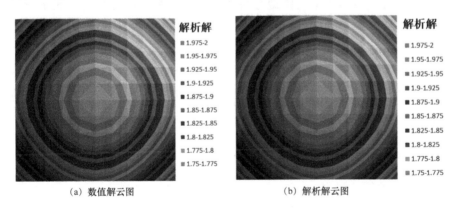

(a) 数值解云图　　　　　　　　(b) 解析解云图

图 8.22　$n=100, t=0.1$ 时刻的云图

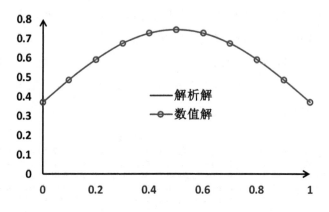

图 8.23 $y=0.5$ 上的数值解和解析解的比较图

8.10 二维瞬态热传导问题

在直角坐标系内二维瞬态热传导问题可以用如下方程描述：

$$\frac{\partial^2 T}{\partial x^2}+\frac{\partial^2 T}{\partial x y^2}=f(x,y,t),\qquad(8.51)$$

其中 $f(x,y,t)$ 为热源。

当 $f(x,y,t)=0$ 时，方程（8.51）中的 $\frac{\partial^2 T}{\partial x^2}$ 用对 x 二阶偏导数的中心差分〔即式（8.42）〕来表示，$\frac{\partial^2 T}{\partial y^2}$ 用对 y 二阶偏导数的中心差分即〔式（8.46）〕来表示，代入式（8.51），整理得

$$T_{i,j}=\frac{1}{4}(T_{i+1,j}+T_{i-1,j}+T_{i,j+1}+T_{i,j-1}),\qquad(8.52)$$

其中 $T_{i,j}=T(x_i,y_j)$。

例 8.5 在方程（8.51）中，当 $f(x,y,t)=0$ 时，边界条件为

$$T(x,0)=\sin\left(\frac{\pi}{a}x\right), T(x,b)=0, T(0,y)=0, T(a,y)=0,$$

则方程（8.51）的解析解为

$$T(x,y)=\frac{1}{\sinh\left(\frac{\pi}{a}b\right)}\sinh\left(\frac{\pi}{a}(b-y)\right)\sin\left(\frac{\pi}{a}x\right),\quad (x,y)\in[0,a]\times[0,b]。$$

$$(8.53)$$

第一步,调试迭代计算。在"文件"菜单下选择"选项",在"选项"对话框中选择"公式"副对话框。选择启用迭代计算,最多迭代计算次数设为 1 000,最大误差设为 0.001 并单击"确定"按钮。

第二步,计算解析解。在单元格区域 A2:A12 中输入自变量 y 的值;在单元格区域 B13:L13 中输入自变量 x 的值;在单元格 B2 中输入解析解的计算公式"= SINH(PI() * (1 - ＄A2)) * SIN(PI() * B＄13)/SINH(PI())"(这里取 $a=1, b=1$)。注意,单元格 A2 对应自变量 y,其应用列绝对引用,行相对引用;单元格 B13 对应自变量 x,其应用行绝对引用,列相对引用。选中单元格 B2,把鼠标箭头指针到单元格 B2 的右下角,待其变为填充柄("＋"符号)时,按住鼠标左键把向右拖动到单元格 L2,完成单元格区域 B2:L2 的自动填充。选中单元格区域 B2:L2,把鼠标指针移动到单元格 L2 的右下角,待其变为填充柄("＋"符号)时,按住鼠标左键向下拖动到单元格 L12,实现单元格区域 B2:L12 的自动填充,完成解析解的计算,如图 8.24 所示。

第三步,输入边界条件。在单元格区域 A16:A26 中输入自变量 y 的值;在单元格区域 B27:L27 中输入自变量 x 的值;在单元格区域 B16:L16、B17:B26 和 L17:L26 内分别填上边界条件、左边界条件和右边界条件"0",在单元格区域 C26:K26 内用下边界条件表达式输入相应的公式,如图 8.25 所示。

	A	B	C	D	E	F	G	H	I	J	K	L
1							解析解					
2	1	0	0	0	0	0	0	0	0	0	0	0
3	0.9	0	0.00854512	0.016254	0.022371	0.026299	0.027653	0.026299	0.022371	0.016253784	0.008545	0
4	0.8	0	0.017940569	0.034125	0.046969	0.055215	0.058057	0.055215	0.046969	0.034124989	0.017941	0
5	0.7	0	0.029121291	0.055392	0.076241	0.089626	0.094238	0.089626	0.076241	0.055391988	0.029121	0
6	0.6	0	0.043199888	0.082171	0.113099	0.132956	0.139798	0.132956	0.113099	0.082171069	0.0432	0
7	0.5	0	0.061577324	0.117127	0.161212	0.189516	0.199268	0.189516	0.161212	0.117127031	0.061577	0
8	0.4	0	0.086082349	0.163738	0.225367	0.264934	0.278568	0.264934	0.225367	0.163738358	0.086082	0
9	0.3	0	0.119153468	0.226643	0.311948	0.366717	0.385589	0.366717	0.311948	0.226643355	0.119153	0
10	0.2	0	0.164081604	0.312102	0.429571	0.504991	0.530979	0.504991	0.429571	0.312101758	0.164082	0
11	0.1	0	0.225337576	0.428618	0.589941	0.693518	0.729208	0.693518	0.589941	0.42861754	0.225338	0
12	0	0	0.309016994	0.587785	0.809017	0.951057	1	0.951057	0.809017	0.587785252	0.309017	0
13		0	0.1	0.2	0.3	0.4	0.5	0.6	0.7	0.8	0.9	1

图 8.24　解析解

第四步,输入和计算差分格式。用式(8.52)在单元格 C17 中输入"=(B16＋D16＋C15＋C17)/4"。把鼠标指针移动到单元格 C17 的右下角,待其变为填充柄("＋"符号)时,按住鼠标左键向右拖动到单元格 K17,完成单元格区域 C17:K17 的自动填充。选定单元格区域 C17:K17,把鼠标指针移动到单元格 K17 的右下角,待其变为填充柄("＋"符号)时,按住鼠标左键向下拖动到单元格 K26,实现单元格区域 C17:K26 的自动填充。这时按功能键 F9,单元格区域 C17:K26 内开始自动迭代计算,此后一直按功能键 F9,直到数据最后稳定为止,此时就得到差分格式(8.52)对应的数值解,如图 8.25 所示。

15						数值解						
16	1	0	0	0	0	0	0	0	0	0	0	0
17	0.9	0	0.008693375	0.016536	0.02276	0.026755	0.028132	0.026755	0.02276	0.016535781	0.008693	0
18	0.8	0	0.018237717	0.03469	0.047747	0.05613	0.059018	0.05613	0.047747	0.0346902	0.018238	0
19	0.7	0	0.029567295	0.05624	0.077408	0.090999	0.095682	0.090999	0.077408	0.056240337	0.029567	0
20	0.6	0	0.043791125	0.083296	0.114647	0.134775	0.141711	0.134775	0.114647	0.08329567	0.043791	0
21	0.5	0	0.062301536	0.118505	0.163108	0.191744	0.201612	0.191744	0.163108	0.118504564	0.062302	0
22	0.4	0	0.086910455	0.165314	0.227535	0.267483	0.281248	0.267483	0.227535	0.16531351	0.08691	0
23	0.3	0	0.120026775	0.228304	0.314234	0.369404	0.388415	0.369404	0.314234	0.228304464	0.120027	0
24	0.2	0	0.164892153	0.313644	0.431693	0.507486	0.533602	0.507486	0.431693	0.313643513	0.164892	0
25	0.1	0	0.225898323	0.429684	0.591409	0.695244	0.731022	0.695244	0.591409	0.429684144	0.225898	0
26	0	0	0.309016994	0.587785	0.809017	0.951057	1	0.951057	0.809017	0.587785252	0.309017	0
27		0	0.1	0.2	0.3	0.4	0.5	0.6	0.7	0.8	0.9	1

图 8.25　数值解

第五步,绘制图像。选中单元格区域 B2:L12,依次单击"插入"、图表下拉按钮、"更多散点图(M)...",选择"曲面图→曲面图",单击"确定"按钮,就得到数值解的云图,如图 8.26(a)所示。选中单元格区域 B16:L26,依次单击"插入"、图表下拉按钮、"更多散点图(M)...",选择"曲面图→曲面图",单击"确定"按钮,就得到解析解的云图,如图 8.26(b)所示。为了更好地观察,在一个直角坐标系内绘制直线 $y=0.5$ 上的数值解和解析解的比较图,如图 8.27 所示。

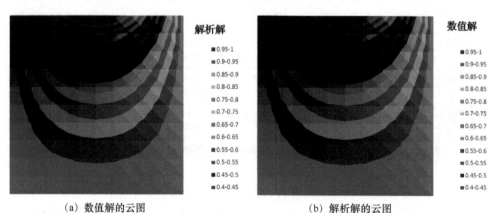

(a) 数值解的云图　　　　　　　(b) 解析解的云图

图 8.26　数值解与解析解的云图比较

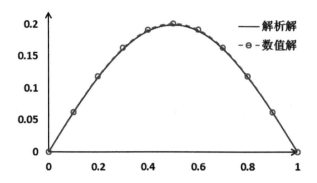

图 8.27 $y=0.5$ 上的数值解和解析解的比较图

第 9 章 用 Excel 解决概率论与数理统计中的问题

9.1 解释二项分布与泊松分布的关系

1. 二项分布与泊松分布的定义

如果随机变量 X 的分布律为

$$P\{X=k\}=C_n^k p^k (1-p)^{n-k}, \quad k=0,1,\cdots,n, \tag{9.1}$$

则称 X 服从参数为 n,p 的二项分布,记为 $X \sim B(n,p)$。

如果随机变量 X 的分布律为

$$P\{X=k\}=\frac{\lambda^k e^{-\lambda}}{k!}, \quad k=0,1,2\cdots,\lambda>0, \tag{9.2}$$

则称 X 服从参数为 λ 的泊松分布,记为 $X \sim P(\lambda)$。

2. 二项分布与泊松分布的关系

在 n 重伯努利试验中,假设 $p_n(0<p_n<1)$ 表示事件 A 在每次试验中发生的概率,它与试验总数 n 有关,若 $\lim\limits_{n\to\infty} np_n=\lambda(\lambda>0)$,则有

$$\lim_{n\to\infty} P\{X=k\}=\lim_{n\to\infty} C_n^k p^k (1-p)^{n-k}=\frac{\lambda^k e^{-\lambda}}{k!}。 \tag{9.3}$$

当 n 充分大,p 又很小时,用泊松分布可以近似表示二项分布,此时 $\lambda=np_n$。

3. 演示模板的制作

第一步,试验次数 n 和概率 p 的输入。在单元格 A2 和 B2 中输入试验次数 n 和

概率 p(此处先输入"30"和"0.2"。在单元格 C2 中输入 λ 的计算公式"=A2*B2"。

　　第二步,有关数据的计算。在单元格 A5 中输入"=IF(A5<=\$A\$2, ROW()-5,"")"(函数 Row 返回引用的行号)。在单元格 B5 中输入二项分布计算公式"=IF(A5<=\$A\$2,BINOMDIST(A5,\$A\$2,\$B\$2,"false"),"")"。在单元格 C5 中输入泊松分布计算公式"=IF(A5<=\$A\$2,POISSON(A5,\$C\$2,"false"),"")"。选中单元格区域 A5:C5,把鼠标指针移动到单元格 C5 的右下角,待其变为填充柄("+"符号)时,按下鼠标左键向下拖动到单元格 C55,得到图 9.1 所示的数据。

	A	B	C
1	n	p_n	λ
2	50	0.2	10
3			
4	k	$B(n,p)$	$P(\lambda)$
5	0	1.42725E-05	4.53999E-05
6	1	0.000178406	0.000453999
⋮			
54	49	2.2518E-33	7.46363E-19
55	50	1.1259E-35	1.49273E-19

图 9.1　二项分布和泊松分布表

　　第三步,图像的绘制。选中单元格区域 A5:B55,依次单击"插入"、图表下拉按钮、"更多散点图(M)...",选择"XY(散点图)→带平滑线的散点图",单击"确定"按钮,得到二项分布概率图。选择刚绘制的准圆图像,单击右键,选择"选择数据",在弹出的"选择数据源"对话框中,单击"添加"按钮,此时弹出"编辑数据系列"对话框,在系列名称内填"=泊松分布",在 X 轴系列值内选择填"=Sheet1!\$A\$5:\$A\$55",在 Y 轴系列值内选择填"=Sheet1!\$C\$8:\$C\$55",绘制泊松分布概率图,如图 9.2(a)所示。

　　在这个模板中,增大 n 或者减小 p 都会使得 λ 的值改变,同时两种分布的概率分布值的差别减小,两者的图像非常接近,这样可以验证 n 比较大,p 充分小时,可用二项分布近似表示泊松分布的结论,图 9.2(b)是当 $n=50$,$p=0.02$ 时的比较图。

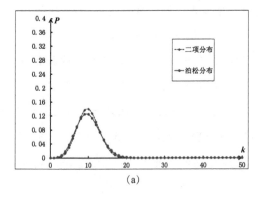 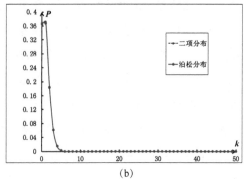

图 9.2 二项分布和泊松分布概率比较图

9.2 进行区间估计

1. 几种区间估计

(1) 区间估计的基本概念

区间估计以点估计为基础进一步优化,可算出总体参数的一个区间范围,该区间是利用样本数据得到的。其优点是可反映估计的误差范围,也就是说,能给出一个一定程度上的可信区间,而点估计无法做到这点。

如果总体 X 的概率分布定义中含有一个未知参数 θ,对于任意已知的数 $\alpha(0 < \alpha < 1)$,如果存在两个统计量 $\theta_1(X_1, X_2, \cdots, X_n)$ 及 $\theta_2(X_1, X_2, \cdots, X_n)$,且满足 $P\{\theta_1 < \theta < \theta_2\} = 1 - \alpha$,则称随机区间 (θ_1, θ_2) 为置信区间,θ_1, θ_2 为参数 θ 的置信下限和置信上限,$1 - \alpha$ 为置信度。

本章中的符号假设:总体均值 $\to \mu$;总体标准差 $\to \sigma$;总体方差 $\to \sigma^2$;样本均值 $\to \overline{X}_n = \dfrac{1}{n} \sum_{i=1}^{n} X_i$;样本方差 $\to S^2 = \dfrac{1}{n-1} \sum_{i=1}^{n} (X_i - \overline{X}_n)$;置信度 $\to 1 - \alpha$。

(2) 单个正态总体的区间估计

① 总体方差 σ^2 已知时,对 μ 的区间估计

如果已知样本 $(X_1, X_2, \cdots, X_n)$ 是来自总体 $X \sim N(\mu, \sigma^2)$ 的正态分布,总体方差 σ^2 已知时,可按如下方法对置信度 $1 - \alpha$ 对应的总体均值 μ 进行区间估计。

引入随机变量 $Z = \dfrac{\overline{X} - \mu}{\sigma / \sqrt{n}}$,则有 $Z \sim N(0, 1)$,

$$P\{\lambda_1 < Z < \lambda_2\} = 1 - \alpha \Rightarrow P\{Z < \lambda_1\} = P\{Z > \lambda_2\} = \frac{\alpha}{2}.$$

因为 $\lambda_2 = z_{\alpha/2}$，$\lambda_1 = -z_{\alpha/2}$，所以就有

$$P\left\{-\mu_\alpha < \frac{\overline{X} - \mu}{\frac{\sigma}{\sqrt{n}}} < z_{\alpha/2}\right\} = 1 - \alpha \Rightarrow P\left\{\overline{X} - z_{\alpha/2}\frac{\sigma}{\sqrt{n}} < \mu < \overline{X} + z_{\alpha/2}\frac{\sigma}{\sqrt{n}}\right\} = 1 - \alpha.$$

因此，总体方差已知时，总体均值 μ 的置信度为 $1 - \alpha$ 的对应区间是

$$\left[\overline{X}_n - z_{\alpha/2}\frac{\sigma}{\sqrt{n}}, \overline{X}_n + z_{\alpha/2}\frac{\sigma}{\sqrt{n}}\right]. \tag{9.4}$$

② 总体方差 σ^2 未知时，对总体均值 μ 的区间估计

如果样本 $(X_1, X_2, \cdots, X_n)$ 是来自总体 $X \sim N(\mu, \sigma^2)$ 的正态分布已知，总体方差 σ^2 未知时，可按如下方法对置信度 $1 - \alpha$ 对应的总体均值 μ 进行区间估计。

引入统计变量 $T = \dfrac{\overline{X} - \mu}{S / \sqrt{n}}$，则 $T \sim t(n-1)$，

$$P\{\lambda_1 < T < \lambda_2\} = 1 - \alpha \Rightarrow P\{T > \lambda_2\} = P\{T < \lambda_1\} = \frac{\alpha}{2}.$$

因为 $\lambda_2 = t_{\alpha/2}(n-1)$，$\lambda_1 = -t_{\alpha/2}(n-1)$，所以就有

$$P\{\lambda_1 < T < \lambda_2\} = 1 - \alpha \Rightarrow P\left\{\overline{X} - \frac{S}{\sqrt{n}}t_{\alpha/2}(n-1) < \mu < \overline{X} + \frac{S}{\sqrt{n}}t_{\alpha/2}(n-1)\right\} = 1 - \alpha.$$

因此，总体方差 σ^2 未知时，总体均值 μ 的置信度为 $1 - \alpha$ 的对应区间是

$$\left[\overline{X} - \frac{S}{\sqrt{n}}t_{\alpha/2}(n-1), \overline{X} + \frac{S}{\sqrt{n}}t_{\alpha/2}(n-1)\right]. \tag{9.5}$$

③ 总体均值 μ 已知时，对总体方差 σ^2 的区间估计

如果已知样本 $(X_1, X_2, \cdots, X_n)$ 是来自总体 $X \sim N(\mu, \sigma^2)$ 的正态分布，μ 总体的均值已知时，可按如下方法对置信度 $1 - \alpha$ 对应的总体方差 σ^2 进行区间估计。

引进随机量 $\chi^2 = \sum\limits_{i=1}^{n}\left(\dfrac{X_i - \mu}{\sigma}\right)^2$，则 $\chi^2 \sim \chi^2(n)$。

$$P\{\lambda_1 < \chi^2 < \lambda_2\} = 1 - \alpha \Rightarrow P\{\lambda_1 > \chi^2\} = P\{\lambda_2 < \chi^2\} = \frac{\alpha}{2}.$$

因为 $\lambda_2 = \chi_{\alpha/2}^2(n)$，$\lambda_1 = \chi_{1-\frac{\alpha}{2}}^2(n)$，所以就有

$$P\left\{\frac{1}{\chi_{\alpha/2}^2(n)}\sum_{i=1}^{n}(X_i - \mu)^2 < \sigma^2 < \frac{1}{\chi_{1-\alpha/2}^2(n)}\sum_{i=1}^{n}(X_i - \mu)^2\right\} = 1 - \alpha.$$

因此，总体均值 μ 已知时，总体方差 σ^2 的置信度为 $1 - \alpha$ 的对应区间是

$$\left[\frac{1}{\chi_{\alpha/2}^2(n)}\sum_{i=1}^{n}(X_i - \mu)^2, \frac{1}{\chi_{1-\alpha/2}^2(n)}\sum_{i=1}^{n}(X_i - \mu)^2\right]. \tag{9.6}$$

④ 总体均值 μ 未知时,对总体方差 σ^2 的区间估计

如果样本 $(X_1, X_2, \cdots, X_n)$ 是来自总体 $X \sim N(\mu, \sigma^2)$ 的正态分布已知,总体均值 μ 未知时,可按如下方法对置信度 $1-\alpha$ 对应的总体方差 σ^2 进行区间估计。

引入随机变量 $\chi^2 = \dfrac{(n-1)S^2}{\sigma^2}$,则 $\chi^2 \sim \chi^2(n-1)$,

$$P\{\lambda_1 < \chi^2 < \lambda_2\} = 1-\alpha \Rightarrow P\{\lambda_1 > \chi^2\} = P\{\lambda_2 < \chi^2\} = \frac{\alpha}{2},$$

得 $\lambda_2 = \chi^2_{\alpha/2}(n-1)$,$\lambda_1 = \chi^2_{1-\alpha/2}(n-1)$,

$$P\left\{\frac{(n-1)S^2}{\chi^2_{\alpha/2}(n-1)} < \sigma^2 < \frac{(n-1)S^2}{\chi^2_{1-\alpha/2}(n-1)}\right\} = 1-\alpha。$$

因此,总体均值 μ 未知时,总体方差 σ^2 的置信度为 $1-\alpha$ 的对应区间是

$$\left[\frac{(n-1)S^2}{\chi^2_{\alpha/2}(n-1)}, \frac{(n-1)S^2}{\chi^2_{1-\alpha/2}(n-1)}\right]。 \tag{9.7}$$

(3) 两个正态总体的区间估计

① 两个总体均值之差 $\mu_1 - \mu_2$ 的区间估计

设有两个独立服从正态分布的总体,分别为 $X \sim N(\mu_1, \sigma_1^2)$ 和 $Y \sim N(\mu_2, \sigma_2^2)$,$(X_1, X_2, X_3, \cdots, X_n)$ 来自总体 X,$(Y_1, Y_2, Y_3, \cdots, Y_m)$ 来自总体 Y,则 $\overline{X}_n \sim N\left(\mu_1, \dfrac{\sigma_1^2}{n}\right)$,$\overline{Y}_m \sim N\left(\mu_2, \dfrac{\sigma_2^2}{m}\right)$。

引入随机变量 $Z = \dfrac{(\overline{X} - \overline{Y}) - (\mu_1 - \mu_2)}{\sqrt{\dfrac{\sigma_1^2}{n_1} + \dfrac{\sigma_2^2}{n_2}}}$,则 $Z = \dfrac{(\overline{X}_n - \overline{Y}_m) - (\mu_1 - \mu_2)}{\sqrt{\dfrac{\sigma_1^2}{n} + \dfrac{\sigma_2^2}{m}}} \sim N(0,1)$,

$$P\{\lambda_1 < Z < \lambda_2\} = 1-\alpha \Rightarrow P\{\lambda_1 > Z\} = P\{\lambda_2 < Z\} = \alpha/2。$$

因为 $\lambda_2 = z_{\alpha/2}$,$\lambda_1 = -z_{\alpha/2}$,所以就有

$$P\left\{\overline{X} - \overline{Y} - z_{\alpha/2}\sqrt{\frac{\sigma_1^2}{n} + \frac{\sigma_2^2}{m}} < \mu_1 - \mu_2 < \overline{X} - \overline{Y} - z_{\alpha/2}\sqrt{\frac{\sigma_1^2}{n} + \frac{\sigma_2^2}{m}}\right\} = 1-\alpha。$$

因此,当 σ_1^2, σ_2^2 已知时,对置信度 $1-\alpha$ 而言,$\mu_1 - \mu_2$ 的置信区间为

$$\left[(\overline{X}_n - \overline{Y}_m) - z_{\alpha/2}\sqrt{\frac{\sigma_1^2}{n} + \frac{\sigma_2^2}{m}}, (\overline{X}_n - \overline{Y}_m) + z_{\alpha/2}\sqrt{\frac{\sigma_1^2}{n} + \frac{\sigma_2^2}{m}}\right]。 \tag{9.8}$$

如果 $\sigma_1^2 = \sigma_2^2 = \sigma^2$,而不知道 σ^2 的具体值时,引入随机变量 $T = \dfrac{(\overline{X}_n - \overline{Y}_m) - (\mu_1 - \mu_2)}{S_w \sqrt{\dfrac{1}{n} + \dfrac{1}{m}}} \sim t(n+m-2)$,其中 $S_w^2 = \dfrac{(n-1)S_1^2 + (m-1)S_2^2}{n+m-2}$,此时对应于置信度 $1-\alpha$ 的 $\mu_1 - \mu_2$ 的置信区间为

$$\left[(\overline{X}_n - \overline{Y}_m) - t_{a/2} S_w \sqrt{\frac{1}{n} + \frac{1}{m}}, (\overline{X}_n - \overline{Y}_m) + t_{a/2} S_w \sqrt{\frac{1}{n} + \frac{1}{m}}\right]. \quad (9.9)$$

② 两个总体方差之比 σ_1^2 / σ_2^2 的区间估计

设有两个独立服从正态分布的总体,分别为 $X \sim N(\mu_1, \sigma_1^2)$ 和 $Y \sim N(\mu_2, \sigma_2^2)$,$(X_1, X_2, X_3, \cdots, X_n)$ 来自总体 X,$(Y_1, Y_2, Y_3, \cdots, Y_m)$ 来自总体 Y,引进随机变量

$$F = \frac{S_1^2 / S_2^2}{\sigma_1^2 / \sigma_2^2} = \frac{\dfrac{(n-1)S_1^2}{\sigma_1^2}/(n-1)}{\dfrac{(m-1)S_1^2}{\sigma_2^2}/(m-1)} \sim F(n-1, m-1),$$

$$P\{\lambda_1 < F < \lambda_2\} = 1 - \alpha,$$

$$P\{\lambda_1 > F\} = P\{\lambda_2 < F\} = \alpha/2。$$

因为 $\lambda_1 = \dfrac{1}{F_{a/2}(m-1, n-1)}, \lambda_2 = F_{a/2}(m-1, n-1)$,所以就有

$$P\left\{\frac{1}{F_{a/2}(n-1, m-1)}\frac{S_1^2}{S_2^2} < \frac{\sigma_1^2}{\sigma_2^2} < F_{a/2}(m-1, n-1)\frac{S_1^2}{S_2^2}\right\} = 1 - \alpha。$$

此时对应于置信度 $1 - \alpha$ 的 σ_1^2 / σ_2^2 的置信区间为

$$\left[\frac{1}{F_{a/2}(n-1, m-1)}\frac{S_1^2}{S_2^2}, F_{a/2}(m-1, n-1)\frac{S_1^2}{S_2^2}\right]. \quad (9.10)$$

2. Excel 区间估计模板的制作与设计

Excel 区间估计模板的设计与制作过程用以下几个例子来阐述。

(1) 正态总体均值的区间估计

例 9.1 已知一批灯泡的使用寿命 X 服从正态分布 $N(\mu, \sigma^2)$,从中任抽出 9 只检验,分别为 1 600,1 440,1 458,1 424,1 453,1 230,1 310,1 450,1 550,试求以下条件下该批灯泡的使用寿命的置信度为 0.95 的置信区间:

① 总体标准差已知($\sigma = 30$)时均值的区间估计;② 总体标准差未知时均值的区间估计。

模板的制作过程如下。

① 总体标准差已知

第一步,输入样本值。为了提高模板的通用性,单元格区域 B2:P3 设计为样本值输入区域,将样本 X_i 的 9 个值输入单元格区域 B2:J3,如图 9.3 所示。

	A	B	C	D	E	F	G	H	I	J	K	L	M	N	O	P
1	总体标准差 σ 已知时将总体均值 μ 按已知置信度进行区间估计															
2	样本:X_i	1600	1440	1458	1424	1453	1230	1310	1450	1550						
3																

图 9.3 样本数据输入区

第二步,输入已知量。将总体标准差 $\sigma=30$ 输入单元格 B4 中,置信度 $1-\alpha=0.95$ 输入单元格 B5。

第三步,计算各统计量和参数。将样本均值公式"=AVERAGE(B2:P3)"输入单元格 B7,样本容量计算公式"=COUNT(B2:P3)"输入单元格 B8,分位值 α 的计算公式"=1-B3"输入单元格 B9,μ_α 的计算公式"=NORMSINV(1-B9/2)"输入单元格 B10。

第四步,计算置信区间。将式(9.4)中 $z_{\alpha/2}\dfrac{\sigma}{\sqrt{n}}$ 的计算公式"=B4 * B10/SQRT(B8)"输入 B11 单元格,置信区间上限的计算公式"=ROUND(B7-B11,3)"(小数点后面保留三位)输入单元格 B12,置信区间下限的计算公式"=ROUND(B7-B11,3)"输入单元格 B13,置信区间确定公式"="["&B12&","&B13&"]""输入单元格 B14,如图 9.4 所示。

4	总体标准差: σ	30
5	置信度: $1-\alpha$	0.95
6		
7	样本均值	1435
8	样本容量	9
9	α	0.05
10	$z_{\alpha/2}$	1.959964
11	$z_{\alpha/2}\times\sigma/\mathrm{sqrt}(n)$	19.59964
12	置信区间上限	1415.4
13	置信区间下限	1454.6
14	置信区间	[1415.4,1454.6]

图 9.4 总体标准差已知时对总体均值的区间估计模板

② 总体标准差未知时

第一步,输入样本值。同图 9.3 所示的类似。

第二步,输入已知量。如图 9.5 所示,将置信度 $1-\alpha=0.95$ 输入单元格 B4。

第三步,计算各统计量和参数。将样本均值计算公式"=AVERAGE(B2:Q3)"输入单元格 B6,样本标准差计算公式"=STDEV.S(B2:P3)"输入单元格 B7,样本容量计算公式"=COUNT(B2:P3)"输入单元格 B8,分位值 α 的计算公式"=1-B4"输单元格 B9,$t_{\alpha/2}(n-1)$ 的计算公式"=T.INV.2T(B9,B8-1)"输入单元格 B10,式(9.5)中 $\dfrac{S}{\sqrt{n}}t_{\alpha/2}(n-1)$ 的计算公式"=B7 * B10/SQRT(B8)"输入单元格 B11,置信区间上限的计算公式"=ROUND(B6-B11,3)"输入单元格 B12(小数

点后保留三位),置信区间下限的计算公式"＝ROUND(B6＋B11,3)"输入单元格 B13,置信区间确定公式"＝"["&B12&","&B13&"]""输入单元格 B14,如图 9.5 所示。

4	置信度:$1-\alpha$	0.95
5		
6	样本均值	1435
7	样本标准差	111.4249
8	样本容量	9
9	α	0.05
10	$t_{\alpha/2}(n-1)$	2.306004
11	$t_{\alpha/2}(n-1)\times s/\text{sqrt}(n-1)$	85.64873
12	置信区间上限	1349.351
13	置信区间下限	1520.649
14	置信区间	[1349.351,1520.649]

图 9.5 总体标准差未知时对总体均值的区间估计模板

(2) 正态总体方差的区间估计

例 9.2 某品牌手表生产厂生产的手表的走时有误差,设误差 X 服从正态分布 $N(\mu,\sigma^2)$,工作人员从生产线上随机地抽取 9 只手表进行测量,结果如下:$-4.1,2.8,3.1,-3.0,2.5,1.1,-2.9,2.0,0.9$。

试求以下条件下该手表走时误差的置信度 0.95 的置信区间:

① 总体均值已知($\mu=0.3$)时,总体方差的区间估计;② 总体均值未知时,总体方差的区间估计。

模板的制作过程如下。

① 总体均值已知

第一步,输入样本值。为了提高通用性,单元格区域 B2:P3 设计为样本值输入区域,将样本 X_i 的 9 个值输入单元格区域 B2:J3,如图 9.6 所示。

	A	B	C	D	E	F	G	H	I	J	K	L	M	N	O	P
1		总体均值 μ 已知时将总体方差 σ^2 按已知置信度进行区间估计														
2	X_i	-4.1	2.8	3.1	-3	2.5	1.1	-2.9	2	0.9						
3																

图 9.6 样本输入区

第二步,输入已知量。将总体期望 0.3 输入单元格 B4,置信度 $1-\alpha=0.95$ 输入单元格 B5。

第三步,计算各统计量和参数。将式(9.6)中 $\sum\limits_{i=1}^{n}(X_i-\mu)^2$ 的计算公式"=SUMSQ((B2:P3)-\$B\$4)-COUNTBLANK(B2:P3)*B4^2"输入单元格 B7,样本容量计算公式"=COUNT(B2:P3)"输入单元格 B8,分位值 α 的计算公式"=1-B6"输入单元格 B9,$\chi^2_{\alpha/2}(n)$ 的计算公式"=CHIINV(B9/2,B8)"输入单元格 B10,$\chi^2_{1-\alpha/2}(n-1)$ 的计算公式"=CHISQ.INV(B9/2,B8)"输入单元格 B11。

第四步,计算置信区间。用式(9.6)将置信区间上限的计算公式"=ROUND(B7/B10,3)"(小数点后面保留三位)输入单元格 B12,置信区间下限的计算公式"=ROUND(B7/B11,3)"输入单元格 B13,置信区间确定公式"="["&B12&",""&B13&"]""输入单元格 B14,如图 9.7 所示。

4	总体期望:	0.3
5	置信度:$1-\alpha$	0.95
6		
7	$\sum(X_i-\mu_0)^2$	62.44
8	样本容量	9
9	α	0.05
10	$\chi^2_{\alpha/2}(n)$	19.023
11	$\chi^2_{1-\alpha/2}(n)$	2.7004
12	置信区间上限	3.282
13	置信区间下限	23.123
14	置信区间	[3.282, 23.123]

图 9.7　均值已知时总体方差的区间估计模板

② 总体均值未知

第一步,样本值输入。同图 9.6 所示的类似。

第二步,输入已知量。将置信度 $1-\alpha=0.90$ 输入单元格 B4。

第三步,计算各统计量和参数。将样本均值计算公式"=AVERAGE(B2:P3)"输入单元格 B6,样本方差计算公式"=VAR.S(B2:P3)"输入单元格 B7,样本容量统计公式"=COUNT(B2:Q3)"输入单元格 B8,分位值 α 的计算公式"=1-B4"输入单元格 B9。

第四步,计算置信区间。将确定 $\chi^2_{\alpha/2}(n-1)$ 的公式"=CHIINV(B9/2,B8-1)"=CHIINV(B9/2,B8-1)输入单元格 B10;确定 $\chi^2_{1-\alpha/2}(n-1)$ 的公式"=CHIINV(1-B9/2,B8-1)"输入单元格 B11,用式(9.7)将置信区间上限的计算公式"=ROUND((B8-1)*B7/B10,3)"和置信区间下限的计算公式"=ROUND

"((B8−1)＊B7/B11,3)"分别输入单元格 B12 和单元格 B13,置信区间确定公式"="["&B12&","&B13&"]""输入单元格 B14,如图 9.8 所示。

4	置信度:$1-\alpha$	0.9
5		
6	样本均值	0.28
7	样本方差	7.8
8	样本容量	9
9	α	0.1
10	$\chi^2_{\alpha/2}(n-1)$	15.5
11	$\chi^2_{1-\alpha/2}(n-1)$	2.73
12	置信区间上限	4.03
13	置信区间下限	22.8
14	置信区间	[4.026,22.848]

图 9.8　总体均值未知时总体方差的区间估计模板

（3）两个总体参数的区间估计

例 9.3　某研究机构为了提高产量,从甲、乙类两种试验田分别随机抽取 8 亩（1 亩≈666.67 m²）地和 10 亩地,测得亩产量如下（单位:千克）。

甲类:12.6,10.2,11.7,12.3,11.1,10.5,10.6,12.2。

乙类:8.6,7.9,9.3,10.7,11.2,11.4,9.8,9.5,10.1,8.5。

这两类试验田的产量相互独立且都服从正态分布。

① ""总体甲类试验田的总体标准差为 15,总体乙类试验田的总体标准差为 9,求置信度0.95 的总体均值之差 $\mu_1-\mu_2$ 的置信区间。

② 当总体甲类试验田和总体乙类试验田的总体标准差未知时,求置信度 0.95 的方差比 σ_1^2/σ_2^2 的区间估计。

模板的制作如下。

① 总体均值之差 $\mu_1-\mu_2$ 的置信区间

第一步,输入样本值。为了提高模板的通用性,将单元格区域 B2:P3 设计为第一个样本值的输入区域,将本例中样本 X_i 的 8 个值输入单元格区域 B2:I2;将单元格区域 B5:P6 设计为第二个样本值的输入区域,将本例中样本 Y_i 的 10 个值输入单元格区域 B2:K2,如图 9.9 所示。

第二步,输入已知量。将甲类试验田（以下简称"甲样本"）的总体标准差 15 输入单元格 B7,乙类试验田（以下简称"乙样本"）的总体标准差 9 输入单元格 B8,置信度 $1-\alpha=0.95$ 输入单元格 B9。

▲	A	B	C	D	E	F	G	H	I	J	K	L	M	N	O	P
1	两个总体标准差 σ_1, σ_2 已知时将总体均值之差 $\mu_1-\mu_2$ 按已知置信度进行区间估计															
2	样本: X_i	12.6	10.2	11.7	12.3	11.1	10.5	10.6	12.2							
3																
4																
5	样本: Y_i		8.6	7.9	9.3	10.7	11.2	11.4	9.8	9.5	10.1	8.5				
6																

图 9.9　两个总体样本值

第三步,计算各统计量和参数。将甲样本总体均值的计算公式"＝AVERAGE(B2:P3)"输入单元格 B11,乙样本总体均值的计算公式"＝AVERAGE(B5:P6)"输入单元格 B12,统计甲样本容量的计算公式"＝COUNT(B2:P3)"输入单元格 B13,统计乙样本容量的计算公式"＝COUNT(B5:P6)"输入单元格 B14,分位值 α 的计算公式"＝1－B9"输入单元格 B14,确定 μ_a 的公式"＝NORMSINV(1－B15/2)"输入单元格 B16。

第四步,计算置信区间。将式(9.8)中 $z_{\alpha/2}\sqrt{\dfrac{\sigma_1^2}{n}+\dfrac{\sigma_2^2}{m}}$ 的计算公式"＝B16 * SQRT(B7^2/B13＋B8^2/B14)"输入单元格 B17,置信区间上限和置信区间下限的计算公式"＝ROUND(＝B11－B12－B17,3)"和"＝ROUND(＝B11－B12＋B17,3)"分别输入单元格 B18 和 B19,置信区间确定公式"＝"〔"＆B18＆","＆B19＆"〕""输入单元格 B20 中,如图 9.10 所示。

7	标准差: σ_1	15
8	标准差: σ_2	9
9	置信度: $1-\alpha$	0.95
10		
11	样本均值 $\overline{X}$	11.4
12	样本均值 $\overline{Y}$	9.7
13	样本容量 n	8
14	样本容量 m	10
15	α	0.05
16	u_α	1.959964
17	$u_\alpha \times sqrt(\cdots)$	11.79648
18	置信区间上限	-10.096
19	置信区间下限	13.496
20	置信区间	[-10.096,13.496]

图 9.10　两个总体均值之差 $\mu_1-\mu_2$ 的区间估计

② 总体方差之比 σ_1^2/σ_2^2 的置信区间

第一步,输入样本值。同图 9.9 所示的类似。

第二步,输入已知量。如图 9.11 所示,将置信度 $1-\alpha=0.95$ 输入单元格 B7。

第三步,计算各统计量和参数。将甲样本总体方差的计算公式"=VAR.S(B2:P3)"输入单元格 B9,乙样本总体方差的计算公式"=VAR.S(B5:P6)"输入单元格 B10,统计甲样本容量的计算公式"=COUNT(B2:P3)"输入单元格 B11,统计乙样本容量的计算公式"=COUNT(B5:P6)"输入单元格 B12,分位值 α 的计算公式"=1-B7"输入单元格 B13,确定 μ_α 的公式"=NORMSINV(1-B15/2)"输入单元格 B16。

第四步,计算置信区间。把式(9.10)中确定 $F_{\frac{\alpha}{2}}(m-1,n-1)$ 的公式"=F.INV(0.95,B12-1,B11-1)"输入单元格 B14,置信区间上限和置信区间下限的计算公式"ROUND(1/B14＊B9/B10,3)"和"=ROUND(B14＊B9/B10,3)"分别输入单元格 B15 和 B16,确定置信区间公式"="["&B18&","&B19&"]""输入单元格 B17,如图 9.11 所示。

7	置信度:$1-\alpha$	0.95
8		
9	样本方差S_1^2	0.85143
10	样本方差S_2^2	1.37778
11	样本容量 n	8
12	样本容量 m	10
13	α	0.05
14	$F_{\alpha/2}(m\text{-}1, n\text{-}1)$	3.67667
15	置信区间上限	0.168
16	置信区间下限	2.272
17	置信区间	[0.168, 2.272]

图 9.11　两个总体方差之比 σ_1^2/σ_2^2 的区间估计

在以上 6 个模板中的样本容量不超过 30 时,样本数据任意改变或者修正其他已知参数时,也可以计算相应的区间估计,模板具有通用性和扩展性。

9.3 进行假设检验

1. 几种假设检验

（1）假设检验的基本概念

假设检验的问题是不同于参数估计问题的另一类统计推断问题。根据样本提供的信息，作出统计假设之后，要采用适当的方法来决定是否应该接受假设，这类问题称为假设检验。

假设检验使用了一种类似于"反证法"的推理方法，它的特点是先假设总体某项假设成立，计算其产生的结果。如果产生不合理的结果，则拒绝原先的假设；如果并没有产生不合理的结果，则不能拒绝原先假设，从而接受原先假设。

如果对总体有两个对立的假设 H_0 和 H_1，习惯上把其中的一个 H_0 称作原假设（或基本假设或零假设），而将另一个 H_1 称为备择假设（或对立假设）。

（2）正态总体均值的假设检验

① 假设总体方差 σ^2 已知时，正态总体均值 μ 的检验

设总体 $X \sim N(\mu, \sigma^2)$，$X_1, X_2, \cdots, X_n$ 是来自总体 X 的样本，$\overline{X}$ 和 S^2 分别为样本均值和方差。

a. 双侧检验。$H_0: \mu = \mu_0$。$H_1: \mu \neq \mu_0$。其中 μ_0 为已知。

取统计量 $Z = \dfrac{\overline{X} - \mu}{\sigma / \sqrt{n}}$，当 H_0 成立时，有 $Z \sim N(0, 1)$。对于给定的 α，有

$P\{|Z| > z_{\alpha/2}\} = \alpha$，其中 $\phi(z_{\alpha/2}) = 1 - \dfrac{\alpha}{2}$。于是得到假设 H_0 的拒绝域：

$$|Z| > z_{\alpha/2}, \tag{9.11}$$

即 $(-\infty, z_{\alpha/2}) \bigcup (z_{\alpha/2}, +\infty)$。以上检验法称作 Z 检验法。

b. 右侧检验。$H_0: \mu \leqslant \mu_0$。$H_1: \mu > \mu_0$。其中 μ_0 为已知。

取统计量 $Z = \dfrac{\overline{X} - \mu_0}{\sigma / \sqrt{n}}$ 和随机变量 $Z_1 = \dfrac{\overline{X} - \mu}{\sigma / \sqrt{n}}$，当 H_0 为真时，有 $Z_1 \sim N(0, 1)$。对于给定的显著性水平 α，存在 z_α，使 $P\{Z_1 > z_\alpha\} = \alpha$，$\phi(z_\alpha) = 1 - \alpha$，当 H_0 为真时，有 $P\{Z > z_\alpha\} \leqslant P\{Z_1 > z_\alpha\} = \alpha$，从而原假设 H_0 的拒绝域为

$$Z > z_\alpha, \tag{9.12}$$

即 $(z_\alpha, +\infty)$。

c.左侧检验。$H_0 : \mu \geqslant \mu_0$。$H_1 : \mu < \mu_0$。其中 μ_0 为已知。

取统计量 $Z = \dfrac{\overline{X} - \mu_0}{\sigma / \sqrt{n}}$ 和随机变量 $Z_2 = \dfrac{\overline{X} - \mu}{\sigma / \sqrt{n}}$，当 H_0 为真时，有 $Z_2 \sim N(0, 1)$。

对于给定的显著性水平 α，存在 u_{2a}，使 $P\{-Z > z_a\} = \alpha$，当 H_0 为真时，有 $P\{Z < -z_a\} \leqslant P\{Z_2 > -z_a\} = \alpha$，从而原假设 H_0 的拒绝域为

$$Z < -z_a,\tag{9.13}$$

即 $(-\infty, z_a)$。

② 假设总体方差 σ^2 未知时，正态总体均值 μ 的检验

a.双侧检验。$H_0 : \mu = \mu_0$。$H_1 : \mu \neq \mu_0$。其中 μ_0 为已知。

取统计量 $T = \dfrac{\overline{X} - \mu}{S / \sqrt{n}}$，当 H_0 成立时，有 $T \sim t(n-1)$。对于给定的 α，有

$P\{|T| > t_{a/2}(n-1)\} = \alpha$，通过查 t 分布分位数表，得统计量 T 的临界值 $t_a(n-1)$。于是得到假设 H_0 的拒绝域：

$$|T| > t_{a/2}(n-1),\tag{9.14}$$

即 $(-\infty, -t_{a/2}(n-1)) \bigcup (t_{a/2}(n-1), +\infty)$。

以上检验法称作 T 检验法。

b.右侧检验。$H_0 : \mu \leqslant \mu_0$。$H_1 : \mu > \mu_0$。其中 μ_0 为已知。

取统计量 $T = \dfrac{\overline{X} - \mu_0}{S / \sqrt{n}}$ 和随机变量 $T_1 = \dfrac{\overline{X} - \mu}{S / \sqrt{n}} \sim t(n-1)$，当 H_0 为真时，$T \leqslant T_1$。

对于给定的显著性水平 α，存在 $t_{2a}(n-1)$，使 $P\{T_1 > t_{2a}(n-1)\} = \alpha$，所以 $P\{T > t_a(n-1)\} \leqslant P\{T_1 > t_a(n-1)\} = \alpha$，从而原假设 H_0 的拒绝域为

$$T > t_a(n-1),\tag{9.15}$$

即 $(t_a(n-1), +\infty)$。

c.左侧检验。$H_0 : \mu \geqslant \mu_0$；$H_1$。$\mu < \mu_0$，其中 μ_0 为已知。

取统计量 $T = \dfrac{\overline{X} - \mu_0}{S / \sqrt{n}}$ 和随机变量 $T_2 = \dfrac{\overline{X} - \mu}{S / \sqrt{n}} \sim t(n-1)$，当 H_0 为真时，$-T \leqslant -T_2$。

对于给定的显著性水平 α，存在 $t_a(n-1)$，使 $P\{-T_2 > t_a(n-1)\} = \alpha$，所以 $P\{T < -t_a(n-1)\} \leqslant P\{T_2 < -t_a(n-1)\} = \alpha$，从而原假设 H_0 的拒绝域为

$$T < -t_a(n-1),\tag{9.16}$$

即 $(-\infty, t_a(n-1))$。

（3）正态总体方差的假设检验

① 假设总体均值 μ 已知时，正态总体方差 σ^2 的假设检验

a. $H_0 : \sigma^2 = \sigma_0^2$。 $H_1 : \sigma^2 \neq \sigma_0^2$。其中，$\sigma_0^2$ 为已知数。

取统计量 $\chi^2 = \dfrac{1}{\sigma_0^2} \displaystyle\sum_{i=1}^{n} (X_i - \mu)^2$，$H_0$ 为真时，$\chi^2 \sim \chi^2(n)$，对于给定的 α，取

$P\{\chi^2 < a\} = \dfrac{\alpha}{2}, P\{\chi^2 > b\} = 1 - \dfrac{\alpha}{2}$，则 $P = \{\chi^2 < a \text{ 或 } \chi^2 > b\} = \alpha$，因此得到拒绝域：

$$\chi^2 < a \text{ 或 } \chi^2 > b, \tag{9.17}$$

即 $(0, \chi_{1-\alpha/2}^2(n)) \bigcup (\chi_{\alpha/2}^2(n), +\infty)$。

b. $H_0 : \sigma^2 \leqslant \sigma_0^2$。 $H_1 : \sigma^2 > \sigma_0^2$。其中，$\sigma_0^2$ 为已知数。

取统计量 $\chi^2 = \dfrac{1}{\sigma_0^2} \displaystyle\sum_{i=1}^{n} (X_i - \mu)^2$ 和 $V = \dfrac{1}{\sigma^2} \displaystyle\sum_{i=1}^{n} (X_i - \mu)^2 \sim \chi^2(n)$，$H_0$ 为真时，

$\chi^2 \leqslant V$，对于给定的显著性水平 α，$P\{\chi^2 > \lambda\} \leqslant P\{V > \lambda\} = \alpha$，从而得到拒绝域：

$$\chi^2 > \lambda, \tag{9.18}$$

即 $(\chi_\alpha^2(n), +\infty)$。

c. $H_0 : \sigma^2 \geqslant \sigma_0^2$。 $H_1 : \sigma^2 < \sigma_0^2$。其中，$\sigma_0^2$ 为已知数。

取统计量 $\chi^2 = \dfrac{1}{\sigma_0^2} \displaystyle\sum_{i=1}^{n} (X_i - \mu)^2$ 和 $V = \dfrac{1}{\sigma^2} \displaystyle\sum_{i=1}^{n} (X_i - \mu)^2 \sim \chi^2(n)$，$H_0$ 为真时，

$\chi^2 \geqslant V$，对于给定的 α，$P\{\chi^2 < \lambda\} \leqslant P\{V < \lambda\} = \alpha$，从而得到拒绝域：

$$\chi^2 < \lambda, \tag{9.19}$$

即 $W = (0, \chi_{1-\alpha}^2(n))$。

② 假设总体均值 μ 未知时，正态总体方差 σ^2 的假设检验

a. $H_0 : \sigma^2 = \sigma_0^2$。 $H_1 : \sigma^2 \neq \sigma_0^2$。其中，$\sigma_0^2$ 为已知数。

取统计量 $\chi^2 = \dfrac{n-1}{\sigma_0^2} S^2$，$H_0$ 为真时，$\chi^2 \sim \chi^2(n-1)$，对于给定的 α，取 $P\{\chi^2 < a\} = $

$\dfrac{\alpha}{2}, P\{\chi^2 > b\} = \dfrac{\alpha}{2}$，则 $P = \{\chi^2 < a \text{ 或 } \chi^2 > b\} = \alpha$，因此得到拒绝域：

$$\chi^2 < a \text{ 或 } \chi^2 > b, \tag{9.20}$$

即 $(0, \chi_{1-\frac{\alpha}{2}}^2(n-1)) \bigcup (\chi_{\frac{\alpha}{2}}^2(n-1), +\infty)$。

b. $H_0 : \sigma^2 \leqslant \sigma_0^2$。 $H_1 : \sigma^2 > \sigma_0^2$。其中，$\sigma_0^2$ 为已知数。

取统计量 $\chi^2 = \dfrac{n-1}{\sigma_0^2} S^2$ 和 $V = \dfrac{n-1}{\sigma^2} S^2 \sim \chi^2(n-1)$，$H_0$ 为真时，$\chi^2 \leqslant V$，对于给定

的 α，取 $P\{\chi^2 > \lambda\} \leqslant P\{V > \lambda\} = \alpha$，因此得到拒绝域：

$$\chi^2 > \lambda = \chi_\alpha^2(n-1), \tag{9.21}$$

即 $(\chi_\alpha^2(n-1), +\infty)$。

c. $H_0 : \sigma^2 \geqslant \sigma_0^2$。$H_1 : \sigma^2 < \sigma_0^2$。其中，$\sigma_0^2$ 为已知数。

取统计量 $\chi^2 = \dfrac{n-1}{\sigma_0^2} S^2$ 和 $V = \dfrac{n-1}{\sigma^2} S^2 \sim \chi^2(n-1)$，$H_0$ 为真时，$\chi^2 \geqslant V$，对于给定的 α，取 $P\{\chi^2 < \lambda\} \leqslant P\{V < \lambda\} = \alpha$，因此得到拒绝域：

$$\chi^2 < \lambda = \chi_{1-\alpha}^2(n-1), \tag{9.22}$$

即 $(0, \chi_{1-\alpha}^2(n))$。

2. Excel 假设检验模板的制作与设计

Excel 假设检验模板的设计与制作过程用以下几个例子来阐述。

（1）正态总体均值 μ 的假设检验

例 9.4　某切割机在工作时，切割每段金属棒的平均长度为 10.5 mm，标准差是 0.15，仅从一批产品中随机抽取 15 段进行测量，其结果如下（单位为 mm）：10.4,10.6,10.1,10.4,10.5,10.3,10.3,10.9,10.6,10.8,10.5,10.7,10.2,10.7,10.2。显著性水平为 $\alpha = 0.05$。

① 该切割机切割的每段金属棒长度是否等于 10.5？

② 该切割机切割的每段金属棒长度是否大于 10.5？

③ 该切割机切割的每段金属棒长度是否小于 10.5？

第一步，输入样本值。为了提高模板的通用性，将单元格区域 A3:B17 设计为样本值输入区域，将本例中样本 X_i 的 15 个值输入单元格区域 A3:A17，如图 9.12 所示。

第二步，输入已知量。将总体均值 $u = 10.5$ 输入单元格 E2，总体标准差 $\sigma = 0.15$ 输入单元格 E3，将显著性水平 $\alpha = 0.05$ 输入单元格 E4。

第三步，计算各统计量和参数。将样本均值公式"=AVERAGE(A2:B17)"输入单元格 E6，样本容量计算公式"=COUNT(A2:B17)"输入单元格 E7，计算 μ_α 的公式"=ROUND(NORMSINV(1−E4/2),3)"输入单元格 E8，计算 $\mu_{2\alpha}$ 的公式"=ROUND(NORMSINV(1−E4),3)"输入单元格 E9，计算统计量 $U = \dfrac{\overline{X} - \mu}{\sigma/\sqrt{n}}$ 绝对值的公式"=ABS(E6−E2)/(E3/SQRT(E7))"输入单元格 E10，如图 9.13 所示。

	A	B
1		
2	样本	X_i
3	10.4	
4	10.6	
	⋮	
16	10.7	
17	10.2	

D	E
总体标均值：μ_0	10.5
总体标准差：σ	0.15
显著性水平：α	0.05
样本均值	10.48
样本容量	15
临界值：$z_{\alpha/2}$	1.96
临界值：z_α	1.645
Z	-0.5164

图 9.12 样本输入区   图 9.13 样本已知参数值

第四步，制作决策模板。如图 9.14 所示，在单元格 H3、I3 和 J3 中分别输入 3 种假设公式"＝"H0：μ＝"&E2&"，H1：μ≠"&E2""＝"H0：μ≤"&E2&"，H1：μ＞"&E2"和"＝"H0：μ≥"&E2&"，H1：μ＜"&E2"；在单元格 H4、I4 和 J4 中分别输入生成拒绝域区间的公式"＝"（－∞，－"&E8&"）∪（"&E8&"，＋∞）"""＝"（"&E9&"，＋∞）"""和"＝"（－∞，－"&E9&"）""，在单元格 H5、I5 和 J5 中分别输入决策公式"＝IF（ABS（E10）＞E8，"拒绝原假设"，"接受原假设"）""＝IF（E10＞E9，"拒绝原假设"，"接受原假设"）"和"＝IF（E10＜（－E9），"拒绝原假设"，"接受原假设"）"。

G	H	I	J
正态总体方差σ^2已知时，对总体均值μ进行假设检验			
假设	双侧检验	右侧检验	左侧检验
假设形式	H₀：μ=10.5，H₁：μ≠10.5	H₀：μ<10.5，H₁：μ>10.5	H₀：μ>10.5，H₁：μ<10.5
拒绝域	(-∞, -1.96)∪(1.96, +∞)	(1.645, +∞)	(-∞, -1.645)
决策	接受原假设	接受原假设	接受原假设

图 9.14 σ^2 已知时，总体均值 μ 的假设检验模板

例 9.5 某切割机在工作时，切割每段金属棒的平均长度为 10.5 mm，仅从一批产品中随机抽取 15 段进行测量，其结果如下（单位为 mm）：10.4，10.6，10.1，10.4，10.5，10.3，10.3，10.9，10.6，10.8，10.5，10.7，10.2，10.7，10.2。显著性水平为 α＝0.05。

① 该切割机切割的每段金属棒长度是否等于 10.5？

② 该切割机切割的每段金属棒长度是否大于 10.5？

③ 该切割机切割的每段金属棒长度是否小于 10.5？

第一步,输入样本值。同例 9.4 一样。

第二步,输入已知量。总体均值和显著性水平的输入如图 9.15 所示。

第三步,计算各统计量和参数。样本均值、样本容量等输入如图 9.15 所示。将计算 $t_\alpha(n-1)$ 公式"＝ROUND(TINV(E3,E7－1),3)"输入单元格 E7,计算 $t_{2\alpha}(n-1)$ 的公式"＝ROUND(TINV(2＊E3,E7－1),3)"输入单元格 E8,计算统计量 $T=\dfrac{\overline{X}-\mu_0}{S/\sqrt{n}}$ 的绝对值公式"＝ABS(E5－E2)/(E6/SQRT(E7))"输入单元格 E9,如图 9.15 所示。

第四步,制作决策模板。同例 9.4 一样,如图 9.16 所示。

	D	E
	总体均值: μ_0	10.5
	显著性水平: α	0.05
	样本均值	10.5
	样本标准差	0.23204774
	样本容量	15
	临界值: $t_{\alpha/2}(n-1)$	2.145
	临界值: $t_\alpha(n-1)$	1.761
	统计量: T	-2.96482E-14

图 9.15　样本已知参数值

F G	H	I	J
正态总体方差 σ^2 已知时,对总体均值 μ 进行假设检验			
假设	双侧检验	右侧检验	左侧检验
假设形式	$H_0:\mu=10.5$, $H_1:\mu\neq10.5$	$H_0:\mu\leqslant10.5$, $H_1:\mu>10.5$	$H_0:\mu\geqslant10.5$, $H_1:\mu<10.5$
拒绝域	$(-\infty, -2.145)\cup(2.145, +\infty)$	$(1.761, +\infty)$	$(-\infty, -1.761)$
决策	接受原假设	接受原假设	接受原假设

图 9.16　σ^2 未知时,总体均值 μ 的检验模板

(2) 总体方差 σ^2 的假设检验

例 9.6　某切割机在经常工作时,切割每段金属棒的平均长度为 10.5 mm,标准差是 0.15,仅从一批产品中随机的抽取 15 段进行测量,其结果如下(单位为 mm):10.4,10.6,10.1,10.4,10.5,10.3,10.3,10.9,10.6,10.8,10.5,10.7,10.2,10.7,10.2。显著性水平为 $\alpha=0.05$。

① 该切割机切割的每段金属棒长度的标准的差是否等于 0.15?

② 该切割机切割的每段金属棒长度的标准差是否大于 0.15？

③ 该切割机切割的每段金属棒长度的标准差是否小于 0.15？

第一步，输入样本值。同例 9.4 一样。

第二步，输入已知量。总体均值、总体标准差和显著性水平的输入如图 9.17 所示。

D	E
总体标均值：μ_0	10.5
总体标准差：σ_0	0.15
显著性水平：α	0.05
样本均值	10.48
样本容量	15
临界值：$\chi^2_{\alpha/2}(n)$	27.488
临界值：$\chi^2_{1-\alpha/2}(n)$	6.262
临界值：$\chi^2_{\alpha}(n)$	24.996
临界值：$\chi^2_{1-\alpha}(n)$	7.261
统计量：χ^2	35.11111

图 9.17　样本已知参数值

第三步，计算各统计量和参数。样本均值、样本容量公式的输入如图 9.15 所示。将确定 $\chi^2_{\alpha/2}(n)$，$\chi^2_{1-\alpha/2}(n)$，$\chi^2_{\alpha}(n)$ 和 $\chi^2_{1-\alpha}(n)$ 的公式，"＝ROUND(CHIINV(E4/2，E7)，3)" "＝ROUND(CHIINV(1−E4/2，E7)，3)" "＝ROUND(CHIINV(E4，E7)，3)" 和 "＝ROUND(CHIINV(1−E4，E7)，3)" 分别输入单元格 E8、E9、E10 和 E11，计算统计量 $\frac{1}{\sigma_0^2}\sum_{i=1}^{n}(X_i-\mu)^2$ 的公式 "＝(SUMSQ((A3:B17)−\$E\$2)−COUNTBLANK(A3:B17)＊E2^2)/(E3^2)" 输入单元格 E12 中，如图 9.17 所示。

第四步，制作决策模板。同例 9.3 一样，如图 9.18 所示。

G	H	I	J
正态总体均值μ已知时，对总体方差σ^2进行假设检验			
假设	双侧检验	右侧检验	左侧检验
假设形式	H_0:σ=0.15, H_1:$\sigma\neq$0.15	H_0:σ≤0.15, H_1:σ>0.15	H_0:σ≥0.15, H_1:σ<0.15
拒绝域	(0, 6.262)∪(27.488, +∞)	(24.996, +∞)	(0, 7.261)
决策	接受原假设	拒绝原假设	接受原假设

图 9.18　总体均值 μ 已知时，总体方差 σ^2 的假设检验模板

例 9.7   某切割机在经常工作时,切割每段金属棒的平均长度的标准差是 0.15,仅从一批产品中随机的抽取 15 段进行测量,其结果如下:10.4,10.6,10.1, 10.4,10.5,10.3,10.3,10.9,10.6,10.8,10.5,10.7,10.2,10.7,10.2。

显著性水平取为 $\alpha = 0.05$

① 该切割机切割的每段金属棒长度的标准差是否等于 0.15?

② 该切割机切割的每段金属棒长度的标准差是否大于 0.15?

③ 该切割机切割的每段金属棒长度的标准差是否小于 0.15?

第一步,输入样本值。同例 9.4 一样,如图 9.12 所示。

第二步,输入已知量。总体标准差和显著性水平的输入如图 9.19 所示。

第三步,计算各统计量和参数。样本标准差和样本容量计算公式的输入如图 9.19 所示。将确定 $\chi_{\alpha/2}^2(n-2)$,$\chi_{1-\alpha/2}^2(n)$,$\chi_{\alpha}^2(n-1)$ 和 $\chi_{1-\alpha}^2(n-1)$ 的公式分别输入单元格 E4、E8、E9 和 E10,计算统计量 $\dfrac{n-1}{\sigma_0^2}S^2$ 的公式"$=(E6-1)/(E2\char`^2) * E5$"输入单元格 E11 中,如图 9.19 所示。

第四步,制作决策模板。同例 9.4 一样,如图 9.20 所示。

D	E
总体标准差: σ_0	0.15
显著性水平: α	0.05
样本方差	0.056
样本容量	15
临界值: $\chi_{\alpha/2}^2(n\text{-}1)$	26.119
临界值: $\chi_{1-\alpha/2}^2(n\text{-}1)$	5.629
临界值: $\chi_{\alpha}^2(n\text{-}1)$	23.685
临界值: $\chi_{1-\alpha}^2(n\text{-}1)$	6.571
统计量: χ^2	34.84444

图 9.19   样本已知参数值

以上 4 个模板中的样本容量不超过 30 时,样本数据任意改变或者修正其他已知参数时,也可以对相应的参数进行假设检验,模板具有通用性和扩展性。

G	H	I	J
正态总体均值 μ 未知时，对总体方差 σ^2 进行假设检验			
假设	双侧检验	右侧检验	左侧检验
假设形式	$H_0:\sigma=0.15$，$H_1:\sigma\neq0.15$	$H_0:\sigma<0.15$，$H_1:\sigma>0$	$H_0:\sigma>0.15$，$H_1:\sigma<0.15$
拒绝域	$(0,\ 5.629)\cup(26.119,\ +\infty)$	$(23.685,\ +\infty)$	$(0,\ 6.571)$
决策	接受原假设	拒绝原假设	接受原假设

图 9.20　总体均值 μ 未知时，总体方差 σ^2 的假设检验模板

9.4　进行回归分析

1. 一元线性回归分析

通常，变量之间的相互关系可以分为两类。第一类：可称为函数关系。第二类：变量之间的关系并不是完全确定的，也就是说，通过大量的数据统计资料可大概掌握变量的走向，这可以通过回归分析方程来实现。

回归分析是主要验证和研究一个或多个因变量与一个或多个自变量之间是否存在线性关系或非线性关系的一种统计分析方法，回归分析主要确定变量 x 与 y 之间的关系。根据因变量和自变量的个数，线性回归分为一元线性回归分析与多元线性回归分析两种。

（1）一元线性回归分析的基本概念

在实际问题的研究中，经常需要研究一种现象与最主要因素之间的关系。一般来说，被预测的变量称为因变量，用 y 表示，影响因变量的因素称为自变量，用 x 表示。一元线性回归法是研究一个因变量与一个自变量之间线性关系的预测方法。

x 与 y 之间线性关系的数学结构通常用下面的形式，一元线性回归模型表示为

$$y=a+bx+\varepsilon。\tag{9.23}$$

式（9.23）将实际问题中变量 y 与 x 之间的关系用两个部分描述：一部分是由 x 的变化引起 y 线性变化的部分，即 $a+bx$；另一部分是由其他一切随机因素引起的变化，即 ε。其中 a 称为回归常数，b 称为回归系数，ε 称为误差项。一般把 y 当作因变量，x 当作自变量。一般我们假如 ε 是不可观测的误差项，假定 $\varepsilon\sim N(0,\sigma^2)$，相

当于对 y 做这样的正态假设：对于 x 的每一个值有 $y \sim N(ax+b, \sigma^2)$，其中未知参数 a, b, σ^2 不依赖于 x。式(9.23)称为一元线性样本回归模型。

（2）一元线性回归分析的最小二乘估计

为了得到一元线性回归方程的回归参数 a 和 b 的理想估计值，必须使用样本数据进行估计。通常使用普通最小二乘估计方法（ordinary least square estimation），也可以说，一元回归分析法是用于确定直线的方法。最小二乘法的基本思想：最有代表性的直线应该是直线到各点的距离最近，然后用这条直线进行预测。最小二乘估计量是无偏的，与此同时最小二乘估计的方差最小，所以通常称最小二乘估计量是最佳线性无偏估计量。从每一个样本观测值 (x_i, y_i) 来看，最小二乘方法先考虑的是误差 $e_i = y_i - (a+bx_i)$ 的平方和：

$$Q(a,b) = \sum_{i=1}^{n} (y_i - (a+bx_i))^2 = \sum_{i=1}^{n} (y_i - a - bx_i)^2 \text{。} \qquad (9.24)$$

最小二乘估计法就是找出参数 a 与 b 的估计值 $\hat{a}$ 和 $\hat{b}$ 的方法，使得式(9.24)定义的误差平方和达到极小，即寻找 $\hat{a}$ 和 $\hat{b}$，使得满足

$$Q(\hat{a}, \hat{b}) = \sum_{i=1}^{n} (y_i - \hat{a} - \hat{b}x_i)^2 = \min\left(\sum_{i=1}^{n} (y_i - a - bx_i)^2\right), \qquad (9.25)$$

从式(9.25)中解出的 $\hat{a}, \hat{b}$ 就叫作回归参数 a, b 的最小二乘估计。

$$\hat{y}_i = \hat{a} + \hat{b}_1 x_i, \qquad (9.26)$$

其中 $\hat{y}_i$ 为 y_i 的回归拟合值，称为回归值。

$$\hat{e}_i = y_i - \hat{y}_i, \qquad (9.27)$$

式(9.27)称为 $y_i (i=1,2,\cdots,n)$ 的残差。

$Q(a,b)$ 是关于 a,b 的非负二次函数，因此最小值总是存在的。由微积分中求极值的原理得出下面的方程组：

$$\begin{cases} \dfrac{\partial Q}{\partial a} = -2 \displaystyle\sum_{i=1}^{n} (y_i - a - bx_i) = 0, \\[3mm] \dfrac{\partial Q}{\partial b} = -2 \displaystyle\sum_{i=1}^{n} (y_i - a - bx_i)x_i = 0 \text{。} \end{cases} \qquad (9.28)$$

化简方程(9.28)，得出最小二乘正规方程组：

$$\begin{cases} na + b \displaystyle\sum_{i=1}^{n} x_i = \sum_{i=1}^{n} y_i, \\[3mm] a \displaystyle\sum_{i=1}^{n} x_i + b \sum_{i=1}^{n} x_i^2 = \sum_{i=1}^{n} y_i x_i \text{。} \end{cases} \qquad (9.29)$$

正规方程组的系数矩阵为

$$\begin{vmatrix} n & \sum_{i=1}^{n} x_i \\ \sum_{i=1}^{n} x_i & \sum_{i=1}^{n} x_i^2 \end{vmatrix} = n \sum_{i=1}^{n} x_i^2 - \left(\sum_{i=1}^{n} x_i\right)^2 = n \sum_{i=1}^{n} (x_i - \overline{x})^2 \neq 0 \,。 \quad (9.30)$$

由式(9.30)可知方程组(9.29)有唯一解,解方程组(9.29)得 a 和 b 的最小二乘估计值:

$$\begin{cases} \hat{b} = S_{xy}/S_{xx} \,, \\ \hat{a} = \overline{y} - \hat{b}\overline{x} \,, \end{cases} \quad (9.31)$$

其中 $S_{xx} = \sum_{i=1}^{n} (x_i - \overline{x})^2, S_{xy} = \sum_{i=1}^{n} (x_i - \overline{x})(y_i - \overline{y}), \overline{x} = \frac{1}{n}\sum_{i=1}^{n} x_i, \overline{y} = \frac{1}{n}\sum_{i=1}^{n} y_i \,。$

因此所求线性回归方程为

$$\hat{y} = \hat{a} + \hat{b}x \,。 \quad (9.32)$$

(3) 一元线性回归分析的最小二乘估计的性质

① $\hat{a}$ 和 $\hat{b}$ 分别是 a 和 b 的无偏估计量,即 $E(\hat{a}) = a, E(\hat{b}) = b$。

② 如果假设 $e_i \sim N(0, \sigma^2)$,则 $\hat{a} \sim N\left(\beta_0, \left(\frac{1}{n} + \frac{\overline{x}}{S_{xx}}\right)\sigma^2\right), \hat{b} \sim N\left(1, \frac{1}{S_{xx}}\sigma^2\right)$,即如果记 $\hat{a}$ 和 $\hat{b}$ 的标准差(即方差的平方根)分别为 $\sigma_{\hat{a}}$ 和 $\sigma_{\hat{b}}$,有

$$\sigma_{\hat{a}} = \sqrt{\frac{1}{n} + \frac{\overline{x}^2}{S_{xx}}}\sigma \,,$$

$$\sigma_{\hat{b}} = \frac{\sigma}{\sqrt{S_{xx}}} \,。 \quad (9.33)$$

③ 如果令 $\hat{\sigma}^2 = \dfrac{\sum_{i=1}^{n} \hat{e}_i^2}{n-2}$,则 $\hat{\sigma}^2$ 是 σ^2 的无偏估计量。

④ $\dfrac{(n-2)\hat{\sigma}^2}{\sigma^2} \sim \chi_{n-2}^2$,并且 $\hat{\sigma}^2$ 与 $\hat{\beta}_0, \hat{\beta}_1$ 相互独立。

(4) 拟合优度的度量

因变量 y 的样本拟合值与样本观测值的平均值的离差平方和称为回归平方和,记为 SSr:

$$\text{SSr} = \sum_{i=1}^{n} (\hat{y}_i - \overline{y})^2 \,。 \quad (9.34)$$

因变量 y 的样本拟合值与样本观测值之差的平方和称为剩余变差(残差平方和),记为 SSe:

$$SSe = \sum \hat{e}_i^2 = \sum (y_i - \hat{y}_i)^2 。 \tag{9.35}$$

因变量 y 的样本观测值与其平均值的离差平方和称为总离差平方和,记为 SSt:

$$SSt = \sum_{i=1}^{n} (y_i - \overline{y})^2 。 \tag{9.36}$$

因变量 y 与自变量 x 之间的相关程度可以用一个量来描述,常用的是判定系数或确定系数 R^2,其定义如下:

$$R^2 = \frac{\sum\limits_{i=1}^{n} (\hat{y}_i - \overline{y})^2}{\sum\limits_{i=1}^{n} (y_i - \overline{y})^2} = \frac{SSr}{SSt} 。 \tag{9.37}$$

R^2 越大表明经验回归直线所能解释的因变量的变动部分越大,则 y 与 x 的线性相关程度越高,实际上 R 就是 y 与 x 的相关系数。

校正测定系数的定义如下:

$$R_a = 1 - \frac{(n-1)(1-R^2)}{n-2} 。 \tag{9.38}$$

(5) 回归方程的显著性检验

要检验线性回归方程(9.32)是否真正描述了因变量 y 与自变量 x 之间客观存在的关系,需从所研究问题的实际背景来考察这个经验回归直线所描述的变量之间关系的合理性。下面要讨论的回归方程的显著性检验,对于一元线性回归模型,回归方程的显著性检验就是要检验假设:

$$H_0 : b = 0 \leftrightarrow H_1 : b \neq 0 。 \tag{9.39}$$

由线性回归分析的性质有 $\hat{b} \sim N\left(1, \dfrac{1}{S_{xx}}\sigma^2\right)$ 和 $\dfrac{(n-2)\hat{\sigma}^2}{\sigma^2} \sim \chi_{n-2}^2$,这两者独立,于是假设成立时有

$$T = \frac{\hat{b}}{\hat{\sigma}/\sqrt{S_{xx}}} 。 \tag{9.40}$$

对于给定的显著性水平 α,拒绝原假设,接受 $b \neq 0$ 的条件为

$$|T| = \left|\frac{\hat{b}}{\hat{\sigma}/\sqrt{S_{xx}}}\right| \geqslant t_{n-1}\left(\frac{\alpha}{2}\right) 。 \tag{9.41}$$

这种检验方法称为 t 检验法。

由 t 分布与 F 分布的关系 $t_n^2 = F_{1,n}$，有 $F = \dfrac{\hat{b}^2}{\hat{\sigma}^2/S_{xx}} \sim F_{1,n-2}$，因此对于给定的显著性水平 α，拒绝原假设，接受 $b \neq 0$ 的条件为

$$F = \frac{\hat{b}^2}{\hat{\sigma}^2/S_{xx}} \geqslant F_{1,n-2}(\alpha)。 \tag{9.42}$$

这种检验方法称为 F 检验法。这个等价于

$$P\{F_{1,n-2}(\alpha) \geqslant F\} \leqslant \alpha。 \tag{9.43}$$

F 检验统计量 $F = \dfrac{\hat{b}^2}{\hat{\sigma}^2/S_{xx}}$ 可表示为

$$F = \frac{SSr}{SSe/(n-2)}。 \tag{9.44}$$

式（9.44）中的误差平方和 SSe 除于它的自由度 $(n-2)$，称为误差平方的均方，记为 MSe，即 $MSe = SSe/(n-2)$。同理，定义总离差平方和的均方 $MSr = SSr$。因此也可以写 $F = \dfrac{MSr}{MSe}$。

（6）回归参数的区间估计

式（9.33）中的 σ 用 $\hat{\sigma}$ 代替，得

$$\hat{\sigma}_{\hat{a}} = \sqrt{\frac{1}{n} + \frac{\overline{x^2}}{S_{xx}}}\,\hat{\sigma},$$

$$\hat{\sigma}_{\hat{b}} = \frac{\hat{\sigma}}{\sqrt{S_{xx}}}。 \tag{9.45}$$

很容易可以证明 $\dfrac{\hat{a}-a}{\hat{\sigma}_{\hat{a}}} \sim t_{n-2}$，$\dfrac{\hat{b}-b}{\hat{\sigma}_{\hat{b}}} \sim t_{n-2}$，因此对于任意给定的置信度 $1-\alpha$，应有

$$P\left\{ \left| \frac{\hat{a}-a}{\hat{\sigma}_{\hat{a}}} \right| \leqslant t_{n-1}\left(\frac{\alpha}{2}\right) \right\} = 1-\alpha。 \tag{9.46}$$

由此得到参数 a 的置信度为 $1-\alpha$ 的区间估计为

$$\left[\hat{a} - t_{n-2}\left(\frac{\alpha}{2}\right)\hat{\sigma}_{\hat{a}}, \hat{a} + t_{n-2}\left(\frac{\alpha}{2}\right)\hat{\sigma}_{\hat{a}} \right]。 \tag{9.47}$$

同理，参数 b 的置信度为 $1-\alpha$ 的区间估计为

$$\left[\hat{b} - t_{n-2}\left(\frac{\alpha}{2}\right)\hat{\sigma}_{\hat{b}}, \hat{b} + t_{n-2}\left(\frac{\alpha}{2}\right)\hat{\sigma}_{\hat{b}} \right]。 \tag{9.48}$$

（7）补充

在回归分析中还有一个统计量,即 T 检验统计量,其定义如下:

$$T_{\hat{a}} = \frac{\hat{a}}{\hat{\sigma}_{\hat{a}}} \tag{9.49}$$

$$T_{\hat{b}} = \frac{\hat{b}}{\hat{\sigma}_{\hat{b}}} \tag{9.50}$$

T 检验统计量要检验

$$P\left\{ T_{n-2}\left(\frac{\alpha}{2}\right) \geqslant T_{\hat{a}} \right\} \leqslant \alpha, \tag{9.51}$$

$$P\left\{ T_{n-2}\left(\frac{\alpha}{2}\right) \geqslant T_{\hat{b}} \right\} \leqslant \alpha_{\circ} \tag{9.52}$$

2. Excel 回归分析模板的制作

例 9.8　为了研究全国各地区地方财政税收收入与地区生产总值的关系,取得 2012 年各地区相关数据,如图 9.21 所示[6],从而确定各地区地方财政税收收入 y 与地区生产总值 x 的线性回归模型。

地区	地方生产总值 x /(亿元)	地方财政税收收入 y/(亿元)	地区	地方生产总值 x /(亿元)	地方财政税收收入 y/(亿元)
北京	17 879.4	3 124.75	上海	20 181.72	3 426.79
天津	12 893.88	1 105.56	云南	10 309.47	881.95
河北	26 575.01	1 560.59	江苏	54 058.22	4 782.59
湖北	22 250.45	1 324.44	西藏	701.03	70.07
湖南	22 154.23	1 110.74	浙江	34 665.33	3 227.77
广东	57 067.92	5 073.88	陕西	14 453.68	1 131.55
山西	12 112.83	1 045.22	安徽	17 212.05	1 305.09
广西	13 035.1	762.46	甘肃	5 650.2	347.78
内蒙古	15 880.58	1 119.87	福建	19 701.78	1 440.34
海南	2 855.54	350.8	青海	1 893.54	146.69
辽宁	24 846.43	2 317.19	江西	12 948.88	978.08
重庆	11 409.6	970.17	宁夏	2 341.29	207.02
吉林	11 939.24	760.57	山东	50 013.24	3 050.2
四川	23 872.8	1 827.04	新疆	7 505.31	698.93
黑龙江	13 691.5	837.8	河南	29 599.31	1 469.57
贵州	6 852.2	681.66			

图 9.21　2012 年各地区地方财政税收收入与地区生产总值数据

（1）手动设计回归分析模板

下面用 Excel 的内置函数和计算功能详细介绍手动设计回归分析模板的过程。所有制作过程以图 9.21 为参考。

地区	地方生产总值 x/(亿元)	地方财政收入 y/(亿元)	$(x-\bar{x})(y-\bar{y})$	拟合值		地方生产总值 x 的均值 $\bar{x}$/(亿元)	地方财政收入 y 的均值 $\bar{y}$/(亿元)	Sxx	Sxy			
北京	17879.4	3124.75	-1153488	1463.33		18598.44387	1520.553548	6157018686	490030948.5			
天津	12893.88	1105.56	2367357.2	1066.53								
河北	26575.01	1560.59	319353.4	2155.4		系数	标准误差	t Stat	P-值	下限 95.0%	上限 95.0%
湖北	22250.45	1324.44	-716207.9	1811.21		a	40.32203448	173.6882858	0.232151721	0.818050669	-314.9103961	395.55447
湖南	22154.23	1110.74	-1457209	1803.56		b	0.079588998	0.007443297	10.69270733	1.41353E-11	0.064365746	0.0948123
广东	57067.92	5073.88	136694607	4582.3								
山西	12112.83	1045.22	3082829.9	1004.37			SS	MS	F	Significance F		
广西	13035.1	762.46	4217535.1	1077.77		回归平方和 SSr	39001072.23	39001072.23	114.3339901	1.41352E-11		
内蒙古	15880.58	1119.87	1089000.3	1304.24		残差平方和 SSe	9892343.417	341115.2902				
海南	2855.54	350.8	18415318	267.592		总离差平方和 SSt	48893415.64					
辽宁	24846.43	2317.19	4977373.5	2017.82								
重庆	11409.6	970.17	3956621.4	948.401		相关系数	0.893126724					
吉林	11939.24	760.57	5060885.4	990.554		相关系数平方	0.797675346					
四川	23872.8	1827.04	1616518.7	1940.33		校正测定系数	0.790698633					
黑龙江	13691.5	837.8	3350233.3	1130.01		标准误差	584.05076					
贵州	6852.2	681.66	9853848.2	585.682		观测值	31					
上海	20181.72	3426.79	3018098.7	1646.56								
云南	10309.47	881.95	5293368.1	860.842								
江苏	54058.22	4782.59	115671082	4342.76								
西藏	701.03	70.07	25959904	96.1163								
浙江	34665.33	3227.77	27429652	2799.3								
陕西	14453.68	1131.55	1612327.9	1190.68								
安徽	17212.05	1305.09	298717.34	1410.21								
甘肃	5650.2	347.78	15185358	490.016								
福建	19701.78	1440.34	-88502.51	1608.37								
青海	1893.54	146.69	22950259	191.027								
江西	12948.88	978.08	3064739	1070.91								
宁夏	2341.29	207.02	21354317	226.663								
山东	50013.24	3050.2	48053531	4020.83								
新疆	7505.31	698.93	9114380	637.662								
河南	29599.31	1469.57	-560863.2	2396.1								

图 9.22　手动设计回归分析模板

第一步，数据的输入。在单元格区域 A2:B32 中输入各地区地方财政税收收入与地区生产总值数据。

第二步，相关的计算。在单元格 G2 和 H2 中分别输入"=AVERAGE(B2:B32)"和"=AVERAGE(C2:C32)"，计算 y 与 x 的均值 $\bar{x}$ 和 $\bar{y}$。选中单元格区域 D2:D32，输入"=((B2:B32)-\$G\$2)*((C2:C32)-\$H\$2)"，同时按"Shift+Ctrl+Enter"键，得 $(x_i-\bar{x})(y_i-\bar{y})$ 的值。在单元格 I2 和 J2 中分别输入"=SUMSQ(B2:B32-G2)"和"=SUM(D2:D32)"，计算 S_{xx} 与 S_{xy} 的值。

第三步，回归参数和拟合值的输入。在单元格 H5 和 H6 中用式（9.31）分别输入"=H2-H6*G2"和"=J2/I2"。在单元格 E2 中输入"=\$H\$5+\$H\$6*B2"，拖动填充单元格区域 E3:E32。

第四步，拟合优度的度量。在单元格 H9、H10 和 H11 中用式（9.34）、（9.35）和（9.36）分别输入"=SUMSQ(E2:E32-H2)""=SUMXMY2(C2:C32,E2:E32)"和"=SUMSQ(C2:C32-H2)。在单元格 I9 和 I10 中输入离差平方和误差平方的计算公式"=H9/1"和"=H10/(H17-2)"。在单元格 J9 中输入 F 统计量计算公式"=I9/I10"。在单元格 K9 中输入 F 检验的计算公式"=1-F.DIST(J9,1,H17-2,TRUE)"。在单元格 H13 和 H14 中分别输入相关系数及其平方的计

算公式,即"＝CORREL(B2:B32,C2:C32)"和"＝H13^2"。在单元格 H15 中输入校正测定系数的计算公式"＝1－(H17－1)＊(1－H14)/(H17－2)"。在单元格 H15 中用标准误差计算公式 $\hat{\sigma}^2 = \dfrac{\sum\limits_{i=1}^{n} \hat{e}_i^2}{n-2}$ 输入"＝SQRT(H10/(H17－2))"。在单元格 H15 中输入统计样本点的计算公式"＝COUNT(B2:B32)"。

第五步,回归参数的区间估计。在单元格 I5 和 I6 中用标准误差计算公式(9.45)分别输入"＝SQRT(1/H17＋G2^2/I2)＊H16"和"＝H16/SQRT(I2)"。在单元格 J5 和 J6 中用 T 检验统计量计算公式(9.49)和(9.50)分别输入"＝H5/I5"和"＝H6/I6"。在单元格 K5 和 K6 中用 T 检验统计量检验公式(9.51)和(9.52)分别输入"＝T.DIST.2T(J5,29)"和"＝T.DIST.2T(J6,29)"。在单元格 L5 和 M5 中用参数 a 的区间估计公式(9.47)分别输入"＝H5－T.INV.2T(0.05,H17－2)＊I5"和"＝H5＋T.INV.2T(0.05,H17－2)＊I5"。在单元格 L6 和 M6 中用参数 b 的区间估计公式(9.48)分别输入"＝H6－T.INV.2T(0.05,H17－2)＊I6"和"＝H6＋T.INV.2T(0.05,H17－2)＊I6"。

(2) 用 Excel 的回归分功能进行回归分析

第一步,"数据分析"功能键的添加。在图 5.8 所示的"加载"宏选项对话框中,选择"分析工具库",再单击"确定"按钮,此时"数据"菜单右上角产生一个"数据分析"功能键。

第二步,数据的输入。在单元格区域 A2:B32 中输入各地区地方财政税收收入与地区生产总值数据。

第三步,回归分析。在"数据"的"数据分析"选项框中选择"回归"(如图 9.22 所示),单击"确定"按钮,打开"回归"对话框。在"回归"对话框的 Y 值输入区域中输入"＄B＄2:＄B＄32",在 X 值输入区域中输入"＄C＄2:＄C＄32",在输出选项中输入"＄E＄1",如图 9.23 所示,单击"确定"按钮,得到图 9.24 所示的结果。

图 9.23 "数据分析"选项框

图 9.24 "回归"对话框

	A	B 地方财政收入 y/(亿元)	C 地方生产总值 x/(亿元)	D	E	F	G	H	I	J	K	L	M
1	地区				SUMMARY OUTPUT								
2	北京	3124.75	17879.4										
3	天津	1105.56	12893.88		回归统计								
4	河北	1560.59	26575.01		Multiple R	0.89312672							
5	湖北	1324.44	22250.45		R Square	0.79767535							
6	湖南	1110.74	22154.23		Adjusted R !	0.79069863							
7	广东	5073.88	57067.92		标准误差	584.05076							
8	山西	1045.22	12112.83		观测值	31							
9	广西	762.46	13035.1										
10	内蒙古	1119.87	15880.58		方差分析								
11	海南	350.8	2855.54			df	SS	MS	F	Significance F			
12	辽宁	2317.19	24846.43		回归分析	1	39001072.23	39001072.2	114.33399	1.4135E-11			
13	重庆	970.17	11409.6		残差	29	9892343.417	341115.29					
14	吉林	760.57	11939.24		总计	30	48893415.64						
15	四川	1927.04	23872.8										
16	黑龙江	837.8	13691.5			Coefficients	标准误差	t Stat	P-value	Lower 95%	Upper 95%	下限 95.0%	上限 95.0%
17	贵州	681.66	6852.2		Intercept	40.3220345	173.6882858	0.23215172	0.8180507	-314.9104	395.5544651	-314.9104	395.5544651
18	上海	3426.79	20181.72		X Variable 1	0.079589	0.007443297	10.6927073	1.414E-11	0.06436575	0.09481225	0.06436575	0.09481225
19	云南	881.95	10309.47										
20	江苏	4782.59	54058.22										
21	西藏	70.07	701.03										
22	浙江	3227.77	34665.33										
23	陕西	1131.55	14453.68										
24	安徽	1305.09	17212.05										
25	甘肃	347.78	5650.2										
26	福建	1440.34	19701.78										
27	青海	146.69	1893.54										
28	江西	978.08	12948.88										
29	宁夏	207.02	2341.29										
30	山东	3050.2	50013.24										
31	新疆	698.93	7505.31										
32	河南	1469.57	29599.31										

图 9.25 回归分析结果

　　本章首先设计了回归分析的手动计算模板,详细说明所有过程;然后通过 Excel 自带的回归分析数据处理功能,详细介绍了每一个参数的具体意义和用到的公式;最后通过比较输出结果,验证了手动计算结果的正确性。

第 10 章　用 Excel 分析运动

10.1　分析四连杆机构的运动

1. 运动分析方程的推导

（1）铰链四杆机构的组成

铰链四杆机构是由 4 个刚性构件通过低副（回转副、移动副）联接而成的一种封闭机构，如图 10.1 所示。运动件 1 称为曲柄；不直接与机架铰接的构件 2 称为连杆；摇动的件 3 称为摇杆；被固定件 4 称为机架。连架杆如果能作整圈运动的话就称为曲柄，否则就称为摇杆。

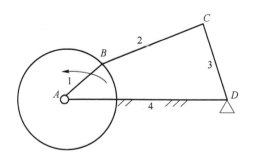

图 10.1　四杆机构

（2）四杆机构的数学模型及其运动分析

四杆机构由曲柄 L_1、连杆 L_2、摇杆 L_3 和机架 L_4 构成，假设各杆件的长分别为

l_1、l_2、l_3 和 l_4，曲柄 L_1 以角速度 ω_1 匀速运动，下面分析摇杆 L_3 和连杆 L_2 的角位移、角速度和角加速度方程。为了对机构进行运动分析，先建立直角坐标系，如图 10.2 所示。

将各构件以矢量形式表示，由于各杆构成封闭的矢量多边性，因此满足

$$l_1 + l_2 = l_3 + l_4 \tag{10.1}$$

各矢量对横坐标 Ox 轴的角位分别为 θ_1、θ_2 和 θ_3，取逆时针方向为正方向，反之为负，将矢量方程(10.1)分别在 Ox、Oy 轴投影，得到结构的位置方程：

$$\begin{cases} l_1\cos\theta_1 + l_2\cos\theta_2 = l_3\cos\theta_3 + l_4, \\ l_1\sin\theta_1 + l_2\sin\theta_2 = l_3\cos\theta_3。 \end{cases} \tag{10.2}$$

方程(10.2)中只有 θ_2 和 θ_3 是未知量，故解得确定 B 和 C 点方位角的计算公式：

$$\theta_3 = 2\arctan\left(\frac{A \pm \sqrt{A^2 + B^2 - C^2}}{B - C}\right), \tag{10.3}$$

$$\theta_2 = \arcsin\left(\frac{l_3\sin\theta_3 - l_1\sin\theta_1}{l_2}\right), \tag{10.4}$$

其中 $A = 2l_1 l_3 \sin\theta_1$，$B = 2l_3(l_1\cos\theta_1 - l_4)$，$C = l_2^2 - l_1^2 - l_3^2 - l_4^2 + 2l_1 l_4 \cos\theta_1$。

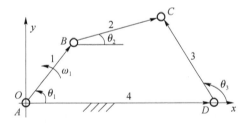

图 10.2　四杆坐标系

将式(10.2)对时间 t 取导数，并整理得

$$\begin{cases} -l_2\,\omega_2\sin\theta_2 + l_3\,\omega_3\sin\theta_3 = l_1\,\omega_1\sin\theta_1, \\ l_2\,\omega_2\cos\theta_2 - l_3\,\omega_3\cos\theta_3 = -l_1\,\omega_1\cos\theta_1。 \end{cases} \tag{10.5}$$

式(10.5)中已知 θ_2 和 θ_3，故可得 B 和 C 点的角速度计算公式：

$$\omega_2 = -\frac{l_1\sin(\theta_1 - \theta_3)}{l_2\sin(\theta_2 - \theta_3)}\omega_1, \tag{10.6}$$

$$\omega_3 = \frac{l_1\sin(\theta_1 - \theta_3)}{l_3\sin(\theta_3 - \theta_2)}\omega_1。 \tag{10.7}$$

将式(10.5)对时间 t 取导数，将不含未知量的项写在方程右边，得

$$
\begin{cases}
-l_2\alpha_2\sin\theta_2+l_3\alpha_3\sin\theta_3=l_1\omega_1^2\cos\theta_1+l_2\omega_2^2\cos\theta_2-l_3\omega_3^2\cos\theta_3, \\
l_2\alpha_2\cos\theta_2-l_3\alpha_3\cos\theta_3=l_1\omega_1^2\sin\theta_1+l_2\omega_2^2\sin\theta_2-l_3\omega_3^2\sin\theta_3。
\end{cases} \tag{10.8}
$$

解方程组(10.8),得 B 和 C 点的角加速度计算公式:

$$
\alpha_2=\frac{\omega_1^2 l_1\cos(\theta_3-\theta_1)+\omega_2^2 l_2\cos(\theta_3-\theta_2)-\omega_3^2 l_3}{l_2\sin(\theta_3-\theta_2)}, \tag{10.9}
$$

$$
\alpha_3=\frac{\omega_1^2 l_1\cos(\theta_2-\theta_1)+\omega_2^2 l_2-\omega_3^2 l_3\cos(\theta_3-\theta_2)}{l_3\sin(\theta_3-\theta_2)}。 \tag{10.10}
$$

2. 四连杆动态可视化和运动分析方程模板的制作

(1) 四连杆动画仿真模板

下面的所有制作过程以图 10.2 为参考。

第一步,输入各构件的长及曲柄的角速度。在单元格 B2、C2、D2、E2 和 F2 中分别输入曲柄、连杆、摇杆、机架的长度 l_1、l_2、l_3、l_4 及曲柄的角速度 ω_1。

第二步,计算各杆方位。由于曲柄的端点 B 以角速度 ω_1 绕 A 点回转,因此 $\theta_1\in$ (0,360°)。在空单元格 B4 中输入 θ_1 的回转表达式"=IF(B5>360,0,B5+1)"。要计算确定 C 点方位的角度 θ_3,先计算式(10.3)中的 A、B 和 C,因此在空单元格 C3、D4 和 E4 中分别输入"=2 * ＄B＄2 * ＄D＄2 * SIN(B5 * PI()/180)""=2 * ＄D＄2 *(＄B＄2 * COS(B5 * PI()/180)－＄E＄2)"和"=＄C＄2^2－＄B＄2^2－＄D＄2^2－＄E＄2^2+2 * ＄B＄2 * ＄E＄2 * COS(B5 * PI()/180)"。用式(10.3)和式(10.4)在单元格 F5、G6 中分别输入相应的 Excel 计算公式。

第三步,计算各杆点坐标。在单元格 B8 和 B9 中分别输入 A 点横、纵坐标"=0"和"=0";在单元格 C8 和 C9 中分别输入 B 点横、纵坐标的计算表达式"2 * COS(B5 * PI()/180)"和"=B2 * SIN(B5 * PI()/180)";在单元格 D8 和 D9 中分别输入 C 点横、纵坐标的计算表达式"=E2＋D2 * COS(F5 * PI()/180)"和"=D2 * SIN(F5 * PI()/180)";在单元格 E8 和 E9 中分别输入 D 点横、纵坐标的计算表达式"=E2"和"=0",如图 10.3 所示。

第四步,绘制四连杆动画仿真图。选中 A 点和 B 点坐标所在单元格区域 B8:C9,依次单击"插入"、图表下拉按钮、"更多散点图(M)...",选择"XY 散点图→带平滑线的散点图",单击"确定"按钮,便可绘制出曲柄的图像。然后在三个直标坐标系内使用画多个函数图像的方法(参考图 3.3～3.5)分别绘制连杆、摇杆、机架的图像,并对所得图像进行装饰,得到图 10.4 所示的动画仿真图。

	A	B	C	D	E	F	G
1		曲柄 l_1	连杆 l_2	摇杆 l_3	机架 l_4	ω_1	
2		0.6	1.2	0.9	1.4	10	
3							
4		θ_1	A	B	C	θ_3	θ_2
5		210	-0.54	-3.455307436	-3.14492	162.943	28.034
6							
7		A 点坐标	B 点坐标	C 点坐标	D 点坐标		
8	x 坐标	0	-0.519615242	0.539588478	1.4		
9	y 坐标	0	-0.3	0.263992447	0		
10							
11			B 点的速度	C 点的速度			
12			-5.168054351	-0.322950079			
13							
14			B 点的加速度	C 点的加速度			
15			-74.83117005	-17.16925313			

图 10.3　四连杆有关的数据

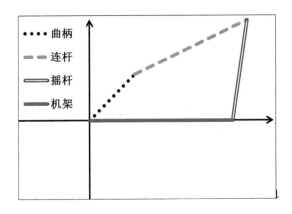

图 10.4　动画仿真演示图

　　第五步,在"文件"菜单下单击"选项",在"选项"对话框中选择"公式"副对话框,然后勾选"启用迭代计算(I)"复选框,最多迭代计算次数设为 1,最大误差设为 0.001,单击"确定"按钮。这时,如果我们按功能键 F9,则四连杆机构的各构件开始运动。

　　(2) 各构件的位移、速度及加速度曲线

　　第一步,用式(10.6)、式(10.7)、式(10.9)和式(10.10)计算对应于 θ_1、θ_2 和 θ_3 的 B 和 C 点的角速度和角加速度。在单元格 C12 和 C15 中分别输入 B 点的角速度和角加速度公式"$= \$B\$2 * SIN((B5-F5) * PI()/180)/(\$C\$2 * SIN((G5-$

F5)＊PI()/180))＊＄F＄2"和"＝(－＄F＄2^2＊＄B＄2＊COS((B5－F5)＊PI()/180)－C12^2＊＄C＄2＊COS((G5－F5)＊PI()/180)＋D12^2＊＄D＄2)/(C2＊SIN((G5－F5)＊PI()/180))"。在单元格 D12 和 D15 中分别输入 C 点的角速度和角加速度公式"＝＄B＄2＊SIN((B5－G5)＊PI()/180)/(＄D＄2＊SIN((F5－G5)＊PI()/180))＊＄F＄2"和"＝(＄F＄2^2＊＄B＄2＊COS((B5－G5)＊PI()/180)＋C12^2＊＄C＄2－C12^2＊＄D＄2＊COS((F5－G5)＊PI()/180))/(＄D＄2＊SIN((F5－G5)＊PI()/180))"，如图 10.1 所示。

	t	θ_1	A	B	C	θ_3	θ_2	ω_2	ω_3	α_2	α_3
17											
18	0	0	0	-1.44	-0.01	90.3979	48.5888	7.5	-7.5	0.13021	115.758
19	0.01745	10	0.18754	-1.45641	-0.03552	84.0486	41.2338	7.07366	-5.08641	5.23795	128.032
	⋮										
53	0.61087	350	-0.18754	-1.45641	-0.03552	98.7237	55.9089	6.96759	-8.95484	-12.4767	82.8835
54	0.62832	360	3.6E-15	-1.44	-0.01	90.3979	48.5888	7.5	-7.5	0.13021	115.758

图 10.5 位置、角速度及角加速度计算数据

第二步，在单元格 B18 和 C18 中分别输入步长"0"和"＝B18＊＄F＄2＊180/PI()"。用式(10.3)、式(10.4)、式(10.6)、式(10.7)、式(10.9)和式(10.10)输入每一个变量相应的 Excel 计算式，在单元格 B19 中输入 Excel 表达式"＝B18＋10/(＄F＄2＊180/PI())"，计算 θ_1 增加 10° 所需的时间。选中单元格区域 C18:L18，把鼠标指针移动到单元格 L18 的右下角，当其变成"＋"符号时按住鼠标左键向下方拖动一行，最后选中单元格区域 B19:L19，把鼠标指针移动到单元格 L19 的右下角，当其变成"＋"符号时，按住鼠标左键向下方拖动到 θ_1 变到 360° 为止。得到的各构件的位移、角速度及角加速度如图 10.5 所示。

第三步，绘制位置、速度和加速度图像。用 Excel 画图功能分别绘制位移线、角速度线及角加速度线，如图 10.6 所示。

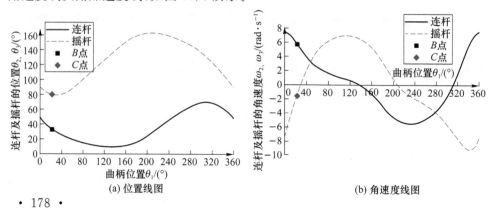

(a) 位置线图　　　　　　　　　　(b) 角速度线图

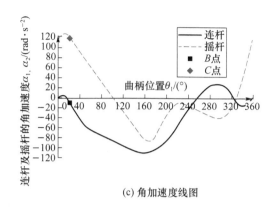

(c) 角加速度线图

图 10.6   运动曲线图

如果各杆的长度及曲柄的角速度改变,运动曲线图像也会相应地改变。

10.2   分析单摆的运动

1. 单摆运动的微分方程和数值算法

（1）微分方程

最基本的单摆是由绝对挠性且长度不变、质量可以忽略不计的一根绳子或一根竿和一个锤组成的。在绳或竿一端的下方系着锤,绳或竿的另一端固定,锤来回移动,假设单摆绳子的长度为 l,锤的质量为 m,摆动角度为 θ,则考虑空气阻尼〔所受的阻尼为 $q\dfrac{\mathrm{d}\theta}{\mathrm{d}t}$（$q$ 为阻尼系数）〕时,可由牛顿第二定理得到描述单摆运动的微分方程：

$$\begin{cases} \dfrac{\mathrm{d}^2\theta}{\mathrm{d}t^2}+q\,\dfrac{\mathrm{d}\theta}{\mathrm{d}t}+\dfrac{g}{l}\sin\theta=0, \\ \theta(0)=\theta_0, \theta'(0)=v_0, \end{cases} \tag{10.11}$$

其中 θ_0 和 v_0 分别是初始摆角和初始驱动速度。

当 $q=0$ 时,方程（10.11）是无阻尼单摆运动方程。在无阻尼且摆角很小（$0<\theta\leqslant 5°$）的情况下,可以假设 $\theta\approx\sin\theta$,此时单摆运动方程变为二阶常系数线性微分方程,可以确定其解析解。但是,在一般情况下,方程（10.11）没有解析解,因此要用适当的数值方法求其数值解以进行分析。

（2）数值算法

设 $\dfrac{d\theta}{dt}=v$，则方程（10.11）变为如下二元一阶非线性常微分方程组：

$$\begin{cases} \dfrac{d\theta}{dt}=v, \\[2mm] \dfrac{dv}{dt}=-\dfrac{g}{l}\sin\theta-qv, \\[2mm] \theta(0)=\theta_0,v(0)=v_0, \end{cases} \tag{10.12}$$

其中，θ 是位置，v 是单摆的摆动速度。

确定常微分方程（10.12）的数值解时，可以用四阶龙格-库塔法，对应方程（10.12）的四阶龙格-库塔计算公式为

$$K_{11}=v_n, \tag{10.13a}$$

$$K_{21}=-\dfrac{g}{l}\sin\theta_n-qv_n, \tag{10.13b}$$

$$K_{12}=v_n+\dfrac{h}{2}K_{21}, \tag{10.13c}$$

$$K_{22}=-\dfrac{g}{l}\sin\left(\theta_n+\dfrac{h}{2}K_{11}\right)-q\left(v_n+\dfrac{h}{2}K_{21}\right), \tag{10.13d}$$

$$K_{13}=v_n+\dfrac{h}{2}K_{22}, \tag{10.13e}$$

$$K_{23}=-\dfrac{g}{l}\sin\left(\theta_n+\dfrac{h}{2}K_{12}\right)-q\left(v_n+\dfrac{h}{2}K_{22}\right), \tag{10.13f}$$

$$K_{14}=v_n+hK_{23}, \tag{10.13g}$$

$$K_{24}=-\dfrac{g}{l}\sin(\theta_n+hK_{13})-q(v_n+hK_{23}), \tag{10.13h}$$

$$v_{n+1}=v_n+\dfrac{h}{6}(K_{21}+2K_{22}+2K_{23}+K_{24}), \tag{10.13i}$$

$$\theta_{n+1}=\theta_n+\dfrac{h}{6}(K_{11}+2K_{12}+2K_{13}+K_{14}), \tag{10.13j}$$

其中 h 是时间步长。

2. 单摆动态可视化和运动分析方程模板的制作

下面的所有制作过程以图 10.7 为参考。

第一步，输入已知条件。在单元格 A2、B2、C2、D2、E2、F2、T2 和 H2 中分别输入重力加速度、单摆线长度、阻尼系数、初始位置、初始驱动速度、开始时间、模拟终止时间、时间步长参数。在单元格 I2 中输入计算总次数的公式"=（G2－F2）/H2"；在单

元格 J2 中输入实现循环和计算当前计算步骤的公式"=IF(J2<I2/2,J2+1,0)"。

	A	B	C	D	E	F	G	H	I	J	K
1	g	l	q	θ_0	v_0	t_0	T	h	n	m	
2	9.8	10	0.2	-1.0472	0	0	10	0.1	100	13	
3											
4	t	θ	v	K_{11}	K_{21}	K_{12}	K_{22}	K_{13}	K_{23}	K_{14}	K_{24}
5	0	-1.0472	0	0	0.8487	0.04244	0.84022	0.04201	0.83926	0.08393	0.82985
6	2.5	0.48579	0.56646	0.56646	-0.5709	0.53792	-0.5895	0.53699	-0.5881	0.50765	-0.605
7	2.6	0.53952	0.50761	0.50761	-0.605	0.47736	-0.6201	0.47661	-0.6187	0.44574	-0.6321
8											
9	x_1	y_1	x_2	y_2							
10	-5	10	0	10							
11	5	10	5.13727	1.42047							

图 10.7　单摆有关的数据

第二步,计算当时位置和速度。在单元格 A5、B5 和 C5 中分别输入"=E2""=D2"和"=E2";用式(10.13a)及式(10.13b)在单元格 D5 和 E5 中分别输入"=C14"和"=－$C$2*C14－$A$2/$B$2*SIN(B14)";用式(10.13c)及式(10.13d)在单元格 F5 和 G5 中分别输入"=C5＋$H$2/2*E5"和"=－$A$2/$B$2*SIN(B5＋$H$2/2*D5)－$C$2*(C5＋$H$2/2*E5)";用式(10.13e)及式(10.13f)在单元格 H5 和 I5 中分别输入"=C5＋$H$2/2*G5"和"=－$A$2/$B$2*SIN(B5＋$H$2/2*F5)－$C$2*(C5＋$H$2/2*G5)";用式(10.13g)及式(10.13h)在单元格 J5 和 K5 中分别输入"=C7＋I7*$H$2"和"=－$A$2/$B$2*SIN(B7＋$H$2*H7)－$C$2*(C7＋$H$2*I7)";在单元格 A6 和 A7 中分别输入前一时刻和现在时刻的计算公式"=IF(J2<=1,A5＋H2,A7＋H2)"和"=IF(J2<=1,A5＋2*H2,A6＋H2)";在单元格 B6 和 C6 中用式(10.13i)及(10.13j)分别输入前一时刻位置和速度的计算公式"=IF(J2<=1,B5＋H2/6*(D5＋2*F5＋2*H5＋J5),B7＋H2/6*(D7＋2*F7＋2*H7＋J7))"和"=IF(J2<=1,C5＋H2/6*(E5＋2*G5＋2*I5＋K5),C7＋H2/6*(E7＋2*G7＋2*I7＋K7))";在单元格 B7 和 C8 中分别输入现在时刻位置和速度的计算公式"=B6＋$H$2/6*(D6＋2*F6＋2*H6＋J6)"和"=C6＋$H$2/6*(E6＋2*G6＋2*I6＋K6)";选中单元格区域 D5:K5,把鼠标指针移动到单元格 K5 的右下角,当其变成"+"符号时,按住鼠标左键向下方拖动两行。

第三步,计算单摆线的终点坐标和确定画图用的点坐标。在单元格 A10、B10、C10 和 D10 中分别输入"=－B2/2""=B2""=0"和"=B2";在单元格 A11、B11、C11 和 D11 中分别输入"=B2/2""=B2""=B2*SIN(B7)"和"=B2－B2*COS(B7)"。

第四步,绘制单摆动画仿真图。选中单元格区域 A10:B11,依次单击"插入"、图表下拉按钮,"更多散点图(M)...",选择"XY 散点图→带平滑线的散点图",单击"确定"按钮,便可绘制出点(−5,10)与点(5,10)连接的横线图像。然后在一个直角坐标系内使用画多个函数图像的方法(参考图 3.3~3.5)分别绘制单摆竿(单元格区域 C10:D11)及单摆锤(单元格区域 C11:D11)的图像,并且对图像进行装饰,得到图 10.8 所示的动画仿真图。

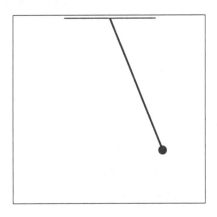

图 10.8　动画仿真演示图

第五步,计算位置和速度。在单元格 A14、B14 和 C14 中分别输入"=F2""=D2"和"=E2";选中单元格区域 D5:K5,单击右键,选择"复制",再选中单元格区域 D14:K14,单击右键,选择"粘贴";在单元格 A15 中输入"=A14+＄H＄2";选中单元格区域 B6:C6,单击右键,选择"复制",再选中单元格区域 B15:C15,单击右键,选择"粘贴";拖动填充法自动填充单元格区域 A15:K114,如图 10.9 所示。

	t	θ	v	K_{11}	K_{21}	K_{12}	K_{22}	K_{13}	K_{23}	K_{14}	K_{24}
13											
14	0	-1.0472	0	0	0.8487	0.04244	0.84022	0.04201	0.83926	0.08393	0.82985
15	0.1	-1.043	0.08396	0.08396	0.82984	0.12545	0.81946	0.12493	0.81853	0.16581	0.80724
113	9.9	0.38057	-0.0071	-0.0071	-0.3626	-0.0252	-0.3587	-0.025	-0.3579	-0.0429	-0.3532
114	10	0.37806	-0.0429	-0.0429	-0.3532	-0.0606	-0.3477	-0.0603	-0.3469	-0.0776	-0.3407

图 10.9　位置和速度计算结果

第六步,绘制位置和速度图。选中单元格区域 A14:B114,依次单击"插入"、图表下拉按钮,"更多散点图(M)..."选择"XY 散点图→带平滑线的散点图",单击"确定"按钮,得到图 10.10 所示的单摆位置曲线。选中刚绘制的位置曲线图,单击

右键,选择"选择数据",弹出"选择数据源"对话框后按单击"添加"按钮,此时弹出
"编辑数据系列"对话框,在系列名称内填"速度曲线",在 x 轴系列值内选择填"＝
Sheet1！＄A＄14：＄A＄114",在 y 轴系列值内选择填"＝Sheet1！＄C＄14：＄C
＄114",确定添加速度曲线。利用同样的方法绘制当前位置图,在系列名称内填
"当前位置",在 x 轴系列值内选择填"＝Sheet1！＄A＄7",在 y 轴系列值内选择
填"＝Sheet1！＄B＄7"确定添加当前位置。然后绘制当前速度图,在系列名称内
填"当前速度",在 x 轴系列值内选择填"＝Sheet1！＄A＄7",在 y 轴系列值内选
择填"＝Sheet1！＄C＄7"确定添加当前速度。最后绘制相图,在系列名称内填"相
图",在 x 轴系列值内选择填"＝Sheet1！＄C＄14：＄C＄114",在 y 轴系列值内选
择填"＝Sheet1！＄B＄14：＄B＄114"确定添加相图对图表进行装饰,得到图 10.11
所示的图。

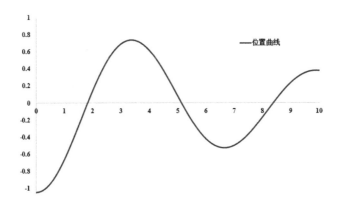

图 10.10　单摆位置曲线

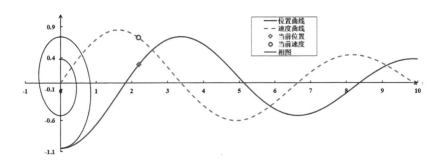

图 10.11　有阻尼单摆的位置曲线、速度曲线和相图

第七步,在"文件"菜单下选择"选项",在"选项"对话框中选择"公式"副对话
框。勾选"选择启用迭代计算(I)"复选框,最多迭代计算次数设为 1,最大误差设为

0.001,单击"确定"按钮。这时,如果我们按功能键 F9,则图 10.8 所示的单摆开始摆动,单摆在图 10.11 中的当前位置并以当前速度沿着位置曲线和速度曲线移动时,很容易观察出单摆在各个时刻的速度和位置。

　　这个模板巧用 Excel 绘制图像和实现动画功能"数"、"形"及"动"连贯形象直观地演示了单摆运动的动态模拟仿真;实现了交互性,建立了不同参数情况下研究单摆运动和模拟的平台,得出了单摆无阻尼、单摆有阻尼、摆角为任何角度值时速度和位置的数值解,以及速度和位置的曲线和相应的相图。在这个模板内可以改变重力加速度、单摆线长度、阻尼系数、初始位置、初始驱动速度、开始时间、模拟终止时间、时间步长等参数,最终可得出相应的演示模板。例如,在这个模板内阻尼系数改为零,就可以得到无阻尼单摆动画演示模板,图 10.12 是无阻尼单摆位置曲线、速度曲线和相图。

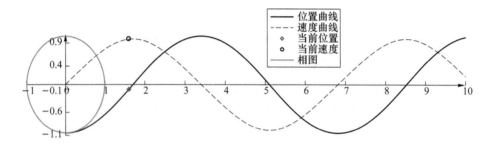

图 10.12　有阻尼单摆的位置曲线、速度曲线和相图

参 考 文 献

[1]   Microsoft. Microsoft Office 帮助和培训-Office 支持［EB/OL］. ［2020-02-16］. https://support. office. com/zh-cn/.

[2]   宋翔. Excel 公式与函数大辞典［M］.北京人民邮电出版社，2017.

[3]   同济大学数学系.高等数学［M］.7 版.北京：高等教育出版社，2014.

[4]   李乃成，梅立泉. 数值分析［M］. 北京：科学出版社，2016.

[5]   韩旭里，谢永钦. 概率论与数理统计［M］. 北京：北京大学出版社，2018.

[6]   袁卫，庞皓，等. 统计学［M］. 北京：高等教育出版社，2016.

[7]   陆金甫，光治. 偏微分方程数值解法［M］. 3 版. 北京：清华大学出版社，2019.

[8]   艾合买提·卡斯木，热娜·阿斯哈尔. Ms. Excel 在复变函数教学中的应用［J］. 考试周刊，2018(92)：66-67.

[9]   古丽阿亚提·艾热提，迪力热巴·买合苏提江，热合买提江·依明. MS. Excel 在偏微分方程数值解实验和实践教学中的应用［J］. 中国教育技术装备，2017 (20)：40-42.

[10]   买买提江·吐尔逊，买买提明·艾尼，热合买提江·依明. 智能驾驶员模型的 Excel 仿真及运动学分析［J］. 实验室研究与探索，2016，35(8)：94-97.

[11]   热合买提江·依明，阿合买提江·依明江.Excel 在单摆运动分析中的应用［J］. 实验室研究与探索，2015(1)：113-117.

[12]   热合买提江·依明，阿合买提江·依明江.Excel 作为概率论与数理统计教学辅助工具的探究［J］. 中国校外教育(基教版)，2015(z1)：337-338.

[13]   阿合买提江·依明江，热合买提江·依明江. 探讨数学实验教学的新途径［J］. 中国现代教育装备，2012(9)：66-67.

［14］ 热合买提江·依明江，艾孜海尔·哈力克. 平面机构动态可视化仿真方法的新途径［J］. 机械工程与自动化，2011（3）:4-6.

［15］ 阿合买提江·依明江，热合买提江·依明江. 基于 Ms. Excel 实现动画在数学教学中的应用［J］. 成都大学学报（教育与教学研究版），2007，21(4):69-70.

［16］ 热合买提江·依明江，买买提明·艾尼. 基于 EXCEL 和 MATLAB 的矩形薄片热传导计算与仿真研究［J］. 佳木斯大学学报（自然科学版），2007，25(4):555-557.

［17］ 热合买提江·依明江，穆塔里甫·阿赫迈德. 用 Excel 齿轮啮合角 a 的计算［J］. 机械工程师，2007(5):28.